营养家常菜精选

主　　编　董国成

副 主 编　肖善亮

编 委 会　董国成　张美花　黄玉女　王迎娣

唐荣臻　王德朋　宦艳丽　董国营

朱　岗　厉运宝　齐俊利　刘少华

孔祥涛　刘彦红　刘红林　肖善良

谷秀娟　刘国军　董国涛　朱喜博

党正同　李彦荣　毛小斌　魏洪勇

赵贵海　于亚翠　肖善亮　(排名不分先后)

菜例总监　肖善亮　毛小斌　肖善良

协助拍摄　FS 月光海派厨艺文化工作室

鼎力支持　FS 星月摄影基地

金盾出版社

内 容 提 要

这是一本专门介绍制作营养家常菜的菜谱书。书中精选了炒菜类、炖菜类、凉菜类、汤类四大类200种菜品，并介绍了每种菜品的详细制作方法、味型、营养分析及需要注意的问题。本书图片精美，内容丰富，简单易学，非常适合广大家庭阅读使用。

图书在版编目(CIP)数据

营养家常菜精选/董国成主编. -- 北京 ：金盾出版社，2012. 7
ISBN 978-7-5082-7527-7

Ⅰ. ①营… Ⅱ. ①董… Ⅲ. ①家常菜肴—菜谱 Ⅳ. ①TS972.12

中国版本图书馆CIP数据核字(2012)第050828号

金盾出版社出版、总发行

北京太平路5号(地铁万寿路站往南)
邮政编码:100036 电话:68214039 83219215
传真:68276683 网址:www.jdcbs.cn
北京凌奇印刷有限责任公司印刷、装订
各地新华书店经销

开本:787×1092 1/16 印张:5 彩页:80 字数:52千字
2012年7月第1版第1次印刷
印数:1～8 000册 定价:19.00元

前言

随着人们生活水平的提高，一日三餐除了解决温饱问题之外，如果每天都重复相同的菜式，没有新的花样，没有新的口味，那么吃起来是非常乏味的，所以，必须提升吃的品质。为了让每一个家庭成员都吃得可口和舒心，吃出营养和健康，我们精心编写了《营养家常菜精选》一书。

全书分为热炒篇、炖菜篇、凉菜篇、汤品篇四个部分共200例菜品，并介绍了每种菜品的详细制作方法、味型、营养分析及需要注意的问题。所选菜品都是根据现代人的饮食结构和营养需要精心调配而成，为读者精心设计的菜品不仅口味独特，而且营养丰富、诱人食欲，非常方便快捷、简单易学。本书图片精美，内容丰富，非常适合广大家庭阅读使用。

由于时间关系，在编写过程中难免出现这样或者那样的错误，请广大读者朋友给予批评指正，我们由衷地表示感谢

编　者

目 录

三、凉菜篇

目 录

四、汤品篇

一、热炒篇

豆腐

川味烧豆腐

【原料】 豆腐200克，芹菜125克。

【调料】 大豆油500克（实耗不多），精盐5克，味精8克，豆瓣酱12克，白糖10克，醋8克，干辣椒15克，葱、姜各5克，清汤适量。

【制作】

①将豆腐洗净，切块。芹菜摘洗干净，切碎备用。

②净锅上火，倒入大豆油烧至六成热，下入豆腐炸至金黄捞起，控净油分待用。

③锅内留底油，葱、姜、干辣椒、豆瓣酱煸香，倒入清汤下入豆腐，调入精盐、味精、白糖、醋，小火收汁入味，撒入芹菜即可。

【味型】 酸、甜、香、咸、辣味突出。

【烹制要点】 炸豆腐时油温不能太低，否则豆腐会被炸干，成菜后口味极差。

【吃出营养】 豆腐和芹菜搭配具有健脾、开胃、暖胃、杀菌等功效。

丸子煨豆腐

【原料】 豆腐250克，鸡肉丸子100克，青菜叶20克。

【调料】 色拉油10克，精盐8克，味精2克，葱、姜各4克，香油2克。

【制作】

①将豆腐洗净，切成小块。鸡肉丸子切成两半。青菜叶洗净，切碎备用。

②豆腐放入开水内稍微烫一下，捞起控水待用。

③净锅上火，倒入色拉油烧热，葱、姜炝香，下入鸡肉丸子煸炒一下，倒入少许水，调入精盐、味精，下入豆腐煨熟，撒入青菜叶，调入香油，盛盘即可。

【味型】 咸鲜味美，色泽淡白。

【烹制要点】 鸡肉丸子要先煸炒一下，这样成菜味道才会更鲜美。

【吃出营养】 豆腐、鸡肉丸及青菜三者搭配具有补虚、消渴、活血等功效。

豆腐皮

家常肉丝炒腐皮

【原料】 豆腐皮1张，猪肉75克，尖椒1个。

【调料】 花生油12克，精盐3克，蚝油6克，鸡精3克，葱花4克，醋2克。

【制作】

①将豆腐皮洗净，切成丝。猪肉洗净，切成丝。尖椒洗净，去蒂、子，切成丝备用。

②豆腐皮放入开水内泡一下，控水待用。

③净锅上火，倒入花生油烧热，葱花爆香，下入猪肉煸炒至变色，调入蚝油，下入豆腐皮、尖椒，调入精盐、鸡精、醋炒熟，盛盘即可。

【味型】 香辣适口，豆腐皮味浓。

【烹制要点】 豆腐皮要先泡一下，炒制时入味更快。

【吃出营养】 豆腐皮、猪肉、尖椒三者搭配具有滋阴、健体、促进食欲等功效。

腐皮芹菜炒海米

【原料】 豆腐皮175克，芹菜1棵，海米12克。

【调料】 调和油10克，精盐6克，味精2克，蒜末5克，花椒油3克。

【制作】

①将豆腐皮洗净，切成宽条。芹菜择洗净，切成段。海米用温水泡透，洗净备用。

②锅上火倒入水，下入豆腐皮焯水1分钟，捞起控水待用。

③净锅上火，倒入调和油烧热，蒜末、海米爆香，下入芹菜稍炒，调入精盐、味精，下入豆腐皮炒匀，调入花椒油，盛盘即可。

【味型】 芹菜清脆，清淡爽口。

【烹制要点】 芹菜炒得不要过火，否则没有清脆的口感。

【吃出营养】 豆腐皮、芹菜、海米相配具有平衡血压、滋补健体等功效。

四季豆

黄豆酱煸四季豆

【原料】 四季豆400克，大葱20克，干辣椒5个。

【调料】 大豆油15克，大豆酱12克，白糖2克，香油4克。

【制作】

①将四季豆择洗净，掰成段。大葱去皮，洗净，切成丁。干辣椒洗净，切成节备用。

②大豆酱用白糖、香油调拌均匀待用。

③净锅上火，倒入大豆油烧热，大葱、干辣椒炝香，下入四季豆小火慢慢煸炒至八成熟，调入黄豆酱续炒至熟，盛盘即可。

【味型】 香辣适口，酱香浓郁。

【烹制要点】 黄豆酱容易煳锅，所以不要过早放入。

【吃出营养】 四季豆、大葱、干辣椒搭配炒制具有健脾、消毒、杀菌等功效。

椒油焖烧四季豆

【原料】 四季豆350克，花椒粒8克。

【调料】 花生油12克，精盐4克，酱油6克，葱、姜各2克。

【制作】

①将四季豆择洗净，掰成段备用。

②花椒粒用水淘洗净泥沙待用。

③净锅上火，倒入花生油烧热，葱、姜、花椒粒炝香，下入四季豆煸炒，调入酱油、精盐，倒入少许水，小火焖烧至熟，盛盘即可。

【味型】 麻味突出，四季豆清香。

【烹制要点】 四季豆要选用嫩的烹制，要用小火充分焖熟。

【吃出营养】 四季豆和花椒粒搭配成菜具有温中散寒、除热、滋肾等功效。

芹　菜

芹菜辣炒肉丝

【原料】 芹菜4棵，猪肉75克，干辣椒5个。

【调料】 色拉油10克，精盐5克，味精2克，蚝油3克，姜丝6克，花椒油4克。

【制作】

①将芹菜择洗净，切成段。猪肉洗净，切成丝备用。

②干辣椒用温水洗净，切成段待用。

③净锅上火，倒入色拉油烧热，姜丝、干辣椒炝香，下入猪肉煸炒，调入蚝油，下入芹菜翻炒，调入蚝油、味精炒熟，调入花椒油炒匀，盛盘即可。

【味型】 咸鲜味美，芹菜清脆。

【烹制要点】 芹菜炒熟即可，不要火候过大防止口感不好。

【吃出营养】 芹菜等三者搭配具有补虚损、提高食欲、促进血液循环等功效。

芹菜青椒炒粉条

【原料】 芹菜200克，青椒1个，粉条50克。

【调料】 玉米油15克，精盐5克，味精2克，酱油3克，葱花6克，香油4克。

【制作】

①将芹菜择洗净，切成段。青椒洗净，去蒂、子，切成条备用。

②粉条用水泡透，洗净，切成段待用。

③净锅上火，倒入玉米油烧热，葱花爆香，下入芹菜稍炒，调入精盐、酱油、味精，下入青椒、粉条炒熟，调入香油炒匀，盛盘即可。

【味型】 芹菜味浓，鲜味突出。

【烹制要点】 粉条较容易粘锅，烹制时要特别注意。

【吃出营养】 芹菜、青椒、粉条三者炒制具有降压、平肝、补虚等功效。

包心菜 肉末干煸包心菜

【原料】 包心菜500克，猪肉100克。

【调料】 花生油20克，精盐8克，鸡粉3克，酱油2克，葱、姜各4克，辣椒油6克。

【制作】

①将包心菜洗净，掰成块备用。

②猪肉洗净，切成末待用。

③净锅上火，倒入花生油烧热，葱、姜爆香，下入猪肉煸炒，调入酱油，下入包心菜炒一会儿，调入精盐、鸡粉炒熟，盛盘即可。

【味型】 辣味突出，微咸。

【烹制要点】 包心菜要用小火慢炒，防止炒煳。

【吃出营养】 包心菜和猪肉炒制成菜具有健体、提高免疫力、增强体质等功效。

家常炒包心菜丝

【原料】 包心菜400克，香菜一棵，大葱半棵。

【调料】 色拉油15克，精盐6克，鸡精3克，香油5克。

【制作】

①将包心菜洗净，切成丝备用。

②香菜择洗净，切成段。大葱去皮，洗净，切成丝待用。

③净锅上火，倒入色拉油烧热，大葱炝香，下入包心菜翻炒，调入精盐、鸡精炒熟，撒入香菜，调入香油炒匀，盛盘即可。

【味型】 咸鲜，色泽美观。

【烹制要点】 包心菜切的丝要均匀，火候不能过大。

【吃出营养】 包心菜、香菜、大葱搭配成菜具有杀菌、益肾、养胃等功效。

青椒 青椒鸡蛋炒虾皮

【原料】 青椒3个，鸡蛋2个，虾皮15克。

【调料】 花生油12克，精盐8克，葱花5克，香油3克。

【制作】

①将青椒洗净，去蒂、子，切成丝。虾皮稍洗备用。

②鸡蛋打入碗内，搅匀待用。

③净锅上火，倒入花生油烧热，葱花、虾皮爆香，倒入鸡蛋稍炒，调入精盐，下入青椒炒熟，调入香油炒匀，盛盘即可。

【味型】 鲜味突出，微咸，色泽美观。

【烹制要点】 青椒火候不要过大，否则色泽、味道都很差。

【吃出营养】 青椒、鸡蛋、虾皮搭配成菜具有强化骨骼、养阴、补虚等功效。

肉片爆炒青椒

【原料】 青椒250克，猪肉100克，洋葱半个。

【调料】 色拉油10克，精盐5克，酱油4克，鸡粉2克。

【制作】

①将青椒洗净，去蒂、子，掰成块备用。

②猪肉洗净，切成片。洋葱去皮，洗净，切成块待用。

③净锅上火，倒入色拉油烧热，下入猪肉煸炒，调入酱油，下入洋葱稍炒，调入精盐、鸡粉，下入青椒炒熟，盛出即可。

【味型】 葱香味浓，口味清淡。

【烹制要点】 猪肉要切得薄些，用小火慢炒。

【吃出营养】 青椒、猪肉、洋葱搭配具有补体虚、促进消化系统循环等功效。

辣　椒

油焖肉泥虎皮椒

【原料】 辣椒4个，猪肉125克，大葱20克，香菜1棵。

【调料】 大豆油10克，精盐2克，蚝油6克，味精3克，姜末5克。

【制作】

①将辣椒洗净，切成段，挖去子。猪肉洗净，剁成泥。大葱去皮，洗净，切碎。香菜择洗净，切成末备用。

②将猪肉泥用精盐、蚝油、味精、大豆油、大葱、香菜调匀，再均匀地塞入辣椒内待用。

③净锅上火，倒入高汤，下入辣椒，撒入姜末焖熟，盛出即可。

【味型】 香辣味美，别具特色。

【烹制要点】 辣椒要用小火焖熟，猪肉泥要剁得均匀。

【吃出营养】 辣椒、猪肉、大葱等搭配成菜具有开胃、散寒、健体等功效。

辣椒豆芽炒腐皮

【原料】 辣椒2个，绿豆芽50克，豆腐皮35克。

【调料】 花生油10克，精盐4克，鸡粉2克，酱油2克，葱、姜各3克，香油2克。

【制作】

①将辣椒洗净，去蒂、子，切成丝。绿豆芽洗净。豆腐皮洗净，切成丝备用。

②锅上火，倒入水烧开，下入绿豆芽汆一下，捞起控水待用。

③净锅上火，倒入花生油烧热，葱、姜炝香，下入辣椒稍炒，调入酱油、精盐、鸡粉，下入豆腐皮、绿豆芽炒熟，调入香油炒匀，盛盘即可。

【味型】 香辣适口，清脆。

【烹制要点】 绿豆芽汆得不要过火，变色即可。

【吃出营养】 辣椒、绿豆芽等搭配具有解毒、健脾、益胃等功效。

绿豆芽

蜇香芹菜炒银芽

【原料】 绿豆芽200克，芹菜1棵，海蜇皮50克。

【调料】 色拉油12克，精盐6克，味精3克，干辣椒5克，蒜末4克。

【制作】

①将绿豆芽洗净。芹菜择洗净，切成段。海蜇皮洗净，切成条备用。

②锅上火，倒入水，将绿豆芽、海蜇皮分别焯水，捞起控净水分待用。

③净锅上火，倒入色拉油烧热，干辣椒、蒜末炝香，下入芹菜稍炒，调入精盐、味精，下入绿豆芽、海蜇皮炒匀，盛出即可。

【味型】 芹菜味浓，清淡爽口。

【烹制要点】 海蜇皮不要汆得过老，稍烫一下即可。

【吃出营养】 绿豆芽、芹菜、海蜇皮三者同炒具有清热解毒、平肝、消积等功效。

韭菜肉丝炒掐菜

【原料】 绿豆芽250克，猪肉50克，韭菜15克。

【调料】 大豆油20克，蚝油8克，鸡精2克，姜丝4克。

【制作】

①将绿豆芽洗净，掐去两头。猪肉洗净，切成丝。韭菜择洗净，切成段备用。

②锅上火，倒入水烧开，下入绿豆芽汆烫，捞起控水待用。

③净锅上火，倒入大豆油烧热，姜丝炝香，下入猪肉煸炒，调入蚝油，下入掐菜稍炒，调入鸡精，下入韭菜炒匀，盛出即可。

【味型】 咸鲜味浓，韭香突出。

【烹制要点】 韭菜不宜过早的放入，快出锅时放入即可。

【吃出营养】 绿豆芽、猪肉、韭菜相配具有补精、壮阳、健胃等功效。

豆 干 白干鸡蛋炒胡萝卜

【原料】 白豆干4块，鸡蛋2个，胡萝卜35克。
【调料】 调和油10克，精盐6克，鸡精2克，葱花5克。
【制作】
①将白豆干洗净，切成丝。胡萝卜洗净，去皮，切成丝备用。
②鸡蛋打入碗内搅匀待用。
③净锅上火，倒入调和油烧热，葱花炝锅，下入鸡蛋炒成块，下入胡萝卜、白豆干，调入精盐、鸡精炒熟，盛盘即可。
【味型】 鲜味突出，色泽美观。
【烹制要点】 鸡蛋不要炒得过老，成形后就要下入其他原料。
【吃出营养】 白豆干、鸡蛋、胡萝卜三者搭配具有促进发育、补阴、健脾胃等功效。

花椒面辣炒豆干

【原料】 白豆干200克，辣椒1个，木耳3朵。
【调料】 花生油8克，精盐7克，味精3克，葱、姜各2克，花椒粉6克。
【制作】
①将白豆干洗净，片成片。辣椒洗净，去蒂、子，切成块。木耳泡透，洗净杂质，撕成小块备用。
②锅上火，倒入水烧开，放入白豆干焯烫，捞起控水待用。
③净锅上火，倒入花生油烧热，葱、姜爆香，下入辣椒、木耳稍炒，调入精盐、味精、花椒粉，下入白豆干炒熟，盛盘即可。
【味型】 麻辣适口，三色相称。
【烹制要点】 白豆干的片尽量薄些，才能更好地入味。
【吃出营养】 豆腐干、辣椒等搭配成菜具有开胃、御寒、增进食欲等功效。

海 带 蒜香海带

【原料】 海带175克，绿豆芽50克，大蒜10瓣。
【调料】 玉米油10克，精盐5克，鸡粉2克，香油4克。
【制作】
①将海带洗净，切成丝。绿豆芽洗净。大蒜去皮，洗净备用。
②锅上火倒入水，将绿豆芽、海带分别焯烫，捞起控净水待用。
③净锅上火，倒入玉米油烧热，大蒜炒香，下入海带稍炒，调入精盐、鸡粉，下入绿豆芽炒匀，调入香油，盛盘即可。
【味型】 蒜香味浓，豆芽清脆。
【烹制要点】 大蒜要用小火炒香，防止炒煳。
【吃出营养】 海带、绿豆芽、大蒜相配具有降血压、清热解毒等功效。

海带肉片炒韭菜

【原料】 海带片3张，猪肉75克，韭菜12克。

【调料】 色拉油15克，精盐2克，味精3克，蚝油6克，姜丝4克。

【制作】

①将海带片洗净，切成块。猪肉洗净，切成片。韭菜择洗净，切成段备用。

②锅上火，倒入水烧开，放入海带焯水，捞起控水待用。

③净锅上火，倒入色拉油烧热，姜丝炝香，下入猪肉煸炒，调入蚝油，下入海带翻炒，调入精盐、味精，撒入韭菜炒匀，盛盘即可。

【味型】 鲜味突出，微咸。

【烹制要点】 海带焯水至变色即可，不能过火。

【吃出营养】 海带、猪肉、韭菜三者搭配成菜具有补体虚、开胃、止咳化痰等功效。

腐　竹

辣味炒腐竹

【原料】 腐竹6根，辣椒2个，大葱15克。

【调料】 花生油10克，精盐5克，鸡粉2克，香油4克。

【制作】

①将腐竹用水泡透、洗净，切成段备用。

②辣椒洗净，去蒂、子，切成块。大葱去皮，洗净，切成片待用。

③净锅上火，倒入花生油烧热，大葱爆香，下入腐竹、辣椒翻炒，调入精盐、鸡粉炒熟，调入香油炒匀，盛盘即可。

【味型】 香辣适口，葱香味浓。

【烹制要点】 腐竹最好用冷水泡透，成菜口味更好。

【吃出营养】 腐竹、辣椒、大葱搭配成菜具有健脾、开胃、杀菌等功效。

腐竹木耳炒芹菜

【原料】 腐竹100克，芹菜1棵，木耳6朵。

【调料】 大豆油12克，精盐4克，酱油3克，味精3克，蒜末5克。

【制作】

①将腐竹用水泡透，洗净，切成段。木耳泡透，洗净，撕成小块备用。

②芹菜择洗净，切成段待用。

③净锅上火，倒入大豆油烧热，蒜末爆香，下入芹菜、腐竹、木耳翻炒几下，调入精盐、酱油、味精炒熟，盛盘即可。

【味型】 芹菜味浓，微咸。

【烹制要点】 烹制时要用大火爆炒才会更美味。

【吃出营养】 腐竹、芹菜、木耳三者搭配成菜具有降血压、润肺、排毒等功效。

黑木耳

丸子煨木耳

【原料】 黑木耳50克，鸡肉丸10个，青菜20克。

【调料】 花生油10克，精盐7克，味精2克，葱、姜各5克，香油3克。

【制作】

①将黑木耳用水泡透，洗净，撕成块备用。

②鸡肉丸切成四瓣。青菜洗净待用。

③净锅上火，倒入花生油烧热，葱、姜、鸡肉丸爆香，下入黑木耳稍炒，倒入少许水，下入青菜，调入精盐、味精煨熟，调入香油，盛盘即可。

【味型】 鲜味突出，色泽美观。

【烹制要点】 木耳入味较慢，所以烹制时要用小火。

【吃出营养】 木耳、鸡肉、青菜搭配具有止咳、化痰、益五脏、补虚损等功效。

木耳韭菜炒肉末

【原料】 水发木耳100克，猪肉50克，韭菜12克。

【调料】 色拉油12克，精盐5克，鸡粉2克，酱油4克，姜丝3克。

【制作】

①将水发木耳洗净，撕成小块备用。

②猪肉洗净，切成末。韭菜择洗净，切成段待用。

③净锅上火，倒入色拉油烧热，姜丝炝香，下入猪肉末煸炒，调入酱油，下入木耳稍炒，再调入精盐、鸡粉炒熟，撒入韭菜炒匀，盛盘即可。

【味型】 韭菜味浓，木耳清脆。

【烹制要点】 韭菜不要过早的下入，出锅时撒入即可。

【吃出营养】 黑木耳、猪肉、韭菜三者搭配成菜具有促进新陈代谢、强健身体、健胃等功效。

木耳菜

蒜香木耳菜

【原料】 木耳菜400克，大蒜8瓣。

【调料】 花生油15克，精盐6克，鸡粉2克，香油5克。

【制作】

①将木耳菜洗净。大蒜去皮，洗净，切碎备用。

②锅上火，倒入水烧开，下入木耳菜焯烫，捞起控净水分待用。

③净锅上火，倒入花生油烧热，放入大蒜爆香，倒入木耳菜，调入精盐、鸡粉大火翻炒均匀，调入香油，盛盘即可。

【味型】 蒜香突出，木耳菜爽滑。

【烹制要点】 木耳菜焯水不能太过，更要大火快炒才会好吃。

【吃出营养】 木耳、大蒜搭配同炒具有排毒养颜、化痰、解毒等功效。

粉条 肉末鲜味粉条

【原料】 粉条50克，猪肉35克，香菜1棵。

【调料】 大豆油10克，鲜味酱油8克，葱花5克。

【制作】

①将粉条用水泡透，洗净，切成段备用。

②猪肉洗净，切成末。香菜择洗净，切成段待用。

③净锅上火，倒入大豆油烧热，葱花炝香，下入猪肉煸炒，调入鲜味酱油，下入粉条翻炒至熟，撒入香菜，盛盘即可。

【味型】 鲜味突出，粉条香滑。

【烹制要点】 粉条容易粘锅，所以炒制时要特别防止炒煳。

【吃出营养】 粉条、猪肉、香菜三者相配具有补虚、健体、健脾等功效。

辣炒粉条

【原料】 水发粉条150克，青辣椒1个。

【调料】 花生油12克，精盐6克，味精3克，蒜末5克，辣椒油10克。

【制作】

①将水发粉条洗净，切成段。青辣椒洗净，去蒂、子，切成丝备用。

②锅上火，倒入水烧开，下入粉条焯烫，捞起用凉水冲一下待用。

③净锅上火，倒入花生油烧热，蒜末炝香，下入青辣椒稍炒，调入精盐、味精，下入粉条翻炒，调入辣椒油炒匀，盛盘即可。

【味型】 香辣适口，微咸。

【烹制要点】 粉条焯烫后要用凉水过一下，否则会粘在一起。

【吃出营养】 粉条和青椒搭配成菜具有充饥、开胃、进食等功效。

茄子 肉泥烧茄子

【原料】 茄子2根，猪肉100克，大葱20克。

【调料】 玉米油15克，精盐4克，味精3克，酱油6克，香油4克。

【制作】

①将茄子洗净，掰成块备用。

②猪肉洗净，剁成泥。大葱去皮，洗净，切成丁待用。

③净锅上火，倒入玉米油烧热，大葱炝香，下入猪肉泥煸炒，下入茄子翻炒2分钟，调入酱油、味精、精盐，倒入少许水烧熟，调入香油，盛盘即可。

【味型】 咸鲜味浓，茄子清香。

【烹制要点】 茄子要多炒一会儿，不要加过多的水。

【吃出营养】 茄子、猪肉、大葱搭配成菜具有清热解毒、养阴等功效。

肉片干炒茄子

【原料】 茄子500克，猪五花肉125克，香菜1棵。

【调料】 花生油20克，精盐5克，蚝油7克，白糖2克，鸡粉4克，葱、姜、蒜各2克。

【制作】

①将茄子洗净，掰成小块备用。

②猪五花肉洗净，切成片。香菜择洗净，切成段待用。

③净锅上火，倒入花生油烧热，葱、姜、蒜爆香，下入猪五花肉煸炒，调入蚝油，下入茄子慢慢炒制，调入精盐、白糖、鸡粉炒熟，撒入香菜，盛盘即可。

【味型】 香味突出，微咸。

【烹制要点】 炒茄子时要用小火慢慢炒，且不要加水，否则成菜不好吃。

【吃出营养】 茄子、五花肉搭配，再和香菜炒成菜肴具有滋阴、促进消化、通便等功效。

猪 肉

家常红烧肉

【原料】 猪五花肉650克，洋葱1个。

【调料】 色拉油12克，精盐3克，酱油10克，白糖2克，八角1个，香菜5克。

【制作】

①将猪五花肉洗净，切成块备用。

②洋葱去皮，洗净，切成块待用。

③净锅上火，倒入色拉油烧热，八角炝香，下入猪五花肉煸炒至萎缩，调入酱油、精盐、白糖续炒5分钟，下入洋葱烧熟，撒入香菜，盛盘即可。

【味型】 香味突出，葱香浓郁，肥而不腻。

【烹制要点】 猪五花肉要用小火慢慢煸炒，防止炒煳。

【吃出营养】 猪五花肉和洋葱搭配成菜具有健体、补虚、活血等功效。

干煸肉片

【原料】 猪肉350克，干辣椒20克，大蒜10瓣。

【调料】 大豆油10克，精盐6克，鸡粉3克，花椒粒4克。

【制作】

①将猪肉洗净，切成片。干辣椒洗净，切成节。大蒜去皮，洗净备用。

②猪肉片内调入少许精盐，腌制15分钟，待用。

③净锅上火，倒入大豆油烧热，干辣椒、花椒粒、大蒜爆香，下入猪肉片煸炒至变色，调入精盐、鸡粉炒熟，盛盘即可。

【味型】 辣味突出，微麻，别具风味。

【烹制要点】 猪肉片要先腌制一下，不然成菜咸味不足。

【吃出营养】 猪肉、干辣子、大蒜三者搭配成菜具有开胃、杀菌、强健身体等功效。

红辣子煸炒肉片

【原料】 猪五花肉300克，大葱1棵。

【调料】 调和油12克，精盐6克，酱油4克，味精3克，红辣子10克。

【制作】

①将猪五花肉洗净。大葱去皮，洗净，切成片备用。

②锅上火，倒入水，调入精盐，下入猪五花肉煮熟，捞起稍凉，切成片待用。

③净锅上火，倒入调和油烧热，红辣子、大葱爆香，下入猪五花肉片翻炒，调入酱油、味精炒匀，盛盘即可。

【味型】 葱香味浓，肉片香醇，辣味适中。

【烹制要点】 猪五花肉不要太肥，否则过于油腻。

【吃出营养】 猪五花肉和大葱炒制成菜具有提高免疫力、清热解毒等功效。

猪 排

红烧小排

【原料】 猪小排500克，青椒1个。

【调料】 色拉油10克，精盐8克，酱油、湿淀粉各6克，蚝油2克，白糖7克，葱、姜各3克，鸡粉4克。

【制作】

①将猪小排洗净，斩成块。青椒洗净，去蒂、子，掰成块备用。

②锅上火，倒入水，下入猪小排汆水5分钟，捞起洗净待用。

③净锅上火，倒入色拉油烧热，葱、姜爆香，下入猪小排稍炒，调入精盐、酱油、蚝油、白糖、鸡粉翻炒，倒入适量水烧熟，下入青椒再烧3分钟，用湿淀粉勾芡，盛盘即可。

【味型】 香味浓郁，微甜。

【烹制要点】 猪小排汆水时间要长一点，成菜后才会没有腥味。

【吃出营养】 猪小排和青椒搭配成菜具有强健骨骼、健脾、养胃等功效。

蒜香猪排

【原料】 猪小排2根，大蒜1头。

【调料】 花生油12克，精盐9克，味精4克，料酒6克，香菜4克。

【制作】

①将猪小排洗净，斩成段。大蒜去皮，洗净备用。

②将猪小排用料酒和少许精盐腌制35分钟，控去水分待用。

③净锅上火，倒入花生油烧热，大蒜爆香，下入猪小排翻炒2分钟，倒入适量水，调入精盐、味精焖熟，撒入香菜炒匀，盛盘即可。

【味型】 蒜香味浓，排骨香嫩。

【烹制要点】 猪小排先腌制，成菜才会更美味。

【吃出营养】 猪小排与大蒜搭配成菜具有提高免疫力、补虚损、杀菌等功效。

腌炸小排饼子

【原料】 猪小排400克，辣椒1个，饼子10个。

【调料】 调和油650克（实耗不多），精盐8克，鸡粉6克，葱姜汁4克，嫩肉粉6克，米酒5克，淀粉15克。

【制作】

①将猪小排洗净，斩成小块。辣椒洗净，去蒂、子，切成末。饼子放在盘内备用。

②猪小排用精盐、鸡粉、葱姜汁、嫩肉粉、米酒腌制40分钟，控净水，拌入淀粉待用。

③净锅上火，倒入调和油烧热，下入饼子先炸熟，捞起，再下入猪小排炸熟，捞起控油，盛入盘内，撒入辣椒末即可。

【味型】 香酥味美，别具风味。

【烹制要点】 炸猪小排时油温不能过高，防止外煳内生。

【吃出营养】 猪小排、辣椒同饼子搭配具有健体、恢复体能、排毒、开胃等功效。

猪肝 火爆猪肝

【原料】 新鲜猪肝300克，大葱1棵，香菜1棵。

【调料】 花生油15克，精盐6克，蚝油3克，鸡粉4克，白糖2克，香油5克。

【制作】

①将新鲜猪肝洗净，切成片。大葱去皮，洗净，切成片。香菜择洗净，切成段备用。

②将猪肝用清水浸泡10分钟，捞起控水待用。

③净锅上火，倒入花生油烧热，下入猪肝煸炒至变色，下入大葱爆炒，调入蚝油、精盐、鸡粉、白糖炒熟，撒入香菜，调入香油炒匀，盛盘即可。

【味型】 葱香味浓，猪肝滑嫩。

【烹制要点】 猪肝要先用水泡一下，以去除异味。

【吃出营养】 猪肝、大葱和香菜搭配具有养血、发汗、解毒等功效。

辣炒猪肝

【原料】 猪肝350克，辣椒2个，胡萝卜30克。

【调料】 大豆油10克，精盐5克，酱油4克，味精2克，葱、姜各4克。

【制作】

①将猪肝洗净，切成片。辣椒洗净，去蒂、子，切成块。胡萝卜洗净、去皮，切成片备用。

②锅上火，倒入水，下入猪肝汆水至熟，捞起控净水待用。

③净锅上火，倒入大豆油烧热，葱、姜爆香，下入猪肝稍炒，调入酱油，下入辣椒、胡萝卜翻炒，调入精盐、味精炒熟，盛盘即可。

【味型】 香辣适口，猪肝香醇。

【烹制要点】 猪肝汆水至熟即可，不要过大防止肉质变老。

【吃出营养】 猪肝、辣椒、胡萝卜三者搭配成菜具有养肝、驱寒、促进发育等功效。

肝尖炒青椒

【原料】 猪肝250克，青椒2个。

【调料】 花生油20克，精盐3克，蚝油5克，鸡精2克，蒜末6克，香油4克。

【制作】

①将猪肝洗净，切成片。青椒洗净，去蒂、子，掰成块备用。

②猪肝用淡盐水浸泡15分钟，捞起洗净控水待用。

③净锅上火，倒入花生油烧热，蒜末炝锅，下入猪肝煸炒至快熟，下入青椒，调入精盐、蚝油、鸡精炒熟，淋入香油，盛盘即可。

【味型】 咸鲜味美，青椒清脆。

【烹制要点】 猪肝要用淡盐水浸泡去除部分异味。

【吃出营养】 猪肝与青椒搭配具有活血、明目、健脾等功效。

肉 鸡

家常辣炒鸡块

【原料】 肉鸡1只，辣椒3个。

【调料】 色拉油15克，精盐8克，酱油12克，味精3克，葱、姜各5克。

【制作】

①将肉鸡宰杀干净，斩成块。辣椒洗净，去蒂、子，切成块备用。

②锅上火，倒入水，下入肉鸡汆烫，捞起洗净，控水待用。

③净锅上火，倒入色拉油烧热，葱、姜爆香，下入肉鸡煸炒5分钟，调入酱油、精盐、味精翻炒，倒入少许水续炒至熟，下入辣椒炒匀，盛盘即可。

【味型】 香辣适口，肉质鲜美。

【烹制要点】 肉鸡要汆水时间长些，防止成菜有腥味。

【吃出营养】 肉鸡和辣椒搭配具有补虚损、御风寒等功效。

干炒鸡块

【原料】 肉食鸡350克，洋葱半个。

【调料】 花生油10克，精盐4克，蚝油6克，白糖2克。

【制作】

①将肉食鸡宰杀干净。洋葱去皮，洗净，切成块备用。

②肉鸡用温水浸泡10分钟，洗净控水，切成块待用。

③净锅上火，倒入花生油烧热，洋葱炝香，下入肉食鸡小火煸炒10分钟，调入精盐、蚝油、白糖续炒至熟，盛盘即可。

【味型】 葱香味浓，鸡肉香醇。

【烹制要点】 肉鸡要用温水泡一会儿，这样成菜口味更加鲜美。

【吃出营养】 肉鸡和洋葱搭配成菜具有益五脏、坚筋骨、活血等功效。

走油鸡块

【原料】 肉鸡400克，大蒜20克。

【调料】 大豆油600克（实耗不多），精盐6克，生抽3克，淀粉15克。

【制作】

①将肉鸡宰杀干净，斩成块。大蒜去皮，洗净备用。

②肉鸡用精盐、生抽腌制25分钟，控净水，放入淀粉拌匀待用。

③净锅上火，倒入大豆油烧热，下入肉鸡炸熟，捞起控油待用。

④锅内留少许油，大蒜爆香，下入肉鸡翻炒均匀，盛盘即可。

【味型】 蒜香味浓，口感酥脆。

【烹制要点】 肉鸡要先腌制，炸制时油温不要过高。

【吃出营养】 肉鸡与大蒜搭配成菜具有清热解毒、健脾、开胃等功效。

鸡 胗

爆炒鸡胗

【原料】 鸡胗300克，大葱1棵，香菜1棵。

【调料】 花生油12克，精盐5克，蚝油3克，鸡精2克，香油2克。

【制作】

①将鸡胗洗净。大葱去皮，洗净，片开，切成段。香菜择洗净，切成段备用。

②锅内倒入水，放入鸡胗煮熟，捞起稍凉，切成片待用。

③净锅上火，倒入花生油烧热，大葱炝香，下入鸡胗，调入精盐、蚝油、鸡精，下入香菜炒匀，调入香油，盛盘即可。

【味型】 葱香味浓，微咸。

【烹制要点】 鸡胗煮熟即可，烹制时炒匀即可。

【吃出营养】 鸡胗、大葱、香菜同炒具有健脾益胃、促进消化等功效。

芹菜鸡胗炒木耳

【原料】 鸡胗250克，芹菜1棵，木耳12克。

【调料】 色拉油10克，精盐6克，酱油3克，味精4克，葱、姜各2克。

【制作】

①将鸡胗洗净，煮熟捞起，切成片备用。

②芹菜择洗净，切成段。木耳用水泡透，洗净，撕成小块待用。

③净锅上火，倒入色拉油烧热，葱、姜爆香，下入芹菜、木耳稍炒，调入精盐、酱油、味精炒熟，盛盘即可。

【味型】 咸鲜味美，口感清脆。

【烹制要点】 芹菜要用大火快炒，防止成菜口感不好。

【吃出营养】 鸡胗、芹菜和木耳搭配成菜具有平衡血压、润肺、排毒等功效。

香辣鸡胗

【原料】 鸡胗500克，辣椒2个，胡萝卜30克。

【调料】 大豆油15克，精盐6克，鲜味酱油5克，蒜片4克。

【制作】

①将鸡胗洗净。辣椒洗净，去蒂、子，切成块。胡萝卜洗净，去皮，切成片备用。

②鸡胗放入锅内，调入少许精盐煮熟，捞起稍凉，切成片待用。

③净锅上火，倒入大豆油烧热，蒜片爆香，下入辣椒、胡萝卜翻炒，调入精盐、鲜味酱油，再下入鸡胗炒匀，盛盘即可。

【味型】 香辣适口。

【烹制要点】 辣椒切的块不要过大，炒的火候不要过大。

【吃出营养】 鸡胗、辣椒、胡萝卜搭配成菜具有补虚、开胃、促进发育等功效。

鸡心

干煸孜然鸡心

【原料】 鸡心350克，洋葱半个。
【调料】 色拉油20克，精盐8克，鸡粉2克，孜然粒10克。
【制作】
①将鸡心洗净。洋葱去皮，洗净，切成粒备用。
②锅倒入水烧开，放入鸡心氽烫，捞起洗净待用。
③净锅上火，倒入色拉油烧热，下入鸡心慢火煸炒至九成熟，调入精盐、鸡粉、孜然粒继续煸至外皮较干时，撒入洋葱粒，炒匀盛盘即可。
【味型】 孜然味浓，葱香浓郁。
【烹制要点】 鸡心要用小火慢慢煸炒至入味，防止炒煳。
【吃出营养】 鸡心和洋葱搭配成菜具有安心、活血、润燥等功效。

铁板鸡心

【原料】 鸡心500克，尖椒1个，紫色洋葱35克。
【调料】 花生油25克，精盐6克，蚝油5克，辣椒粉3克。
【制作】
①将鸡心处理干净，片开。尖椒洗净，去蒂、子，切成块。紫色洋葱切成丝备用。锅上火，倒入水，下入鸡心氽水6分钟，捞起洗净待用。
②净锅上火，倒入少许花生油烧热，下入鸡心翻炒，调入精盐、蚝油续炒至熟，撒入辣椒粉炒匀待用。
③铁板放在火上烧热，倒入少许花生油，撒入洋葱爆出香味，然后把炒好的鸡心盛在铁板上即可。
【味型】 香辣适口，葱香扑鼻。
【烹制要点】 鸡心要处理干净，否则成菜腥味较重。
【吃出营养】 鸡心、尖椒和洋葱搭配成菜具有开胃、提高食欲、杀菌等功效。

鸡心青椒炒粉条

【原料】 鸡心200克，青椒1个，粉条12克。
【调料】 色拉油10克，精盐4克，酱油6克，葱、姜各3克，香油5克。
【制作】
①将鸡心洗净，切花刀。青椒洗净，去蒂、子，掰成块。粉条用水泡透，洗净，切成段备用。
②净锅上火，倒入水，下入鸡心氽水，捞起洗净待用。
③净锅上火，倒入色拉油烧热，葱、姜爆香，下入鸡心煸炒，调入酱油、精盐炒至快熟，下入青椒、粉条续炒至熟，调入香油，盛盘即可。
【味型】 咸鲜味美，别具特色。
【烹制要点】 鸡心切花刀要深些，成菜口味更好。
【吃出营养】 鸡心、青椒、粉条搭配成菜具有充饥、补虚、养胃等功效。

鸡翅根

特色炒翅根

【原料】 鸡翅根8个，香菜1棵。

【调料】 色拉油10克，精盐5克，蚝油3克，白糖2克，肉香王4克，陈皮3克，大蒜10克。

【制作】

①将鸡翅根洗净，切花刀。香菜择洗净，切成末备用。

②锅内倒入水烧开，下入鸡翅根汆水，捞起控净水分待用。

③净锅上火，倒入色拉油烧热，下入大蒜、陈皮炝香，调入蚝油，下入鸡翅根稍炒，倒入适量水，调入精盐、白糖、肉香王焖熟，撒入香菜，盛盘即可。

【味型】 鲜味突出，肉质香美，陈皮味浓。

【烹制要点】 鸡翅根要用小火慢慢焖熟，成菜味道才会更好。

【吃出营养】 鸡翅根和香菜搭配成菜具有补虚损、促消化等功效。

香酥五香翅根

【原料】 鸡翅根500克，鸡蛋1个，淀粉75克。

【调料】 色拉油650克（实耗不多），精盐10克，生抽5克，葱、姜各3克，花椒粉4克。

【制作】

①将鸡翅根洗净，用刀拍一下。鸡蛋打入碗内，调入淀粉，调成均匀的糊备用。

②鸡翅根放入盛器内，调入精盐、生抽、葱、姜腌制35分钟，控去多余的水，将调好的糊倒入鸡翅根内拌匀待用。

③净锅上火，倒入色拉油烧热，下入鸡翅根炸至酥脆，捞起控油待用。

【味型】 香酥味美，肉质较嫩。

【烹制要点】 鸡翅根要用小火慢炸，成熟后再捞起反复炸两次就更加酥脆了。

【吃出营养】 鸡翅根和鸡蛋搭配成菜具有滋阴、健体、补虚等功效。

翅根肉炒木耳

【原料】 鸡翅根6个，木耳20克，黄瓜半根。

【调料】 花生油10克，精盐3克，蚝油6克，葱、姜各4克，香油2克。

【制作】

①木耳用水泡透，洗净，撕成小块备用。

②将鸡翅根洗净，取肉，片成片。黄瓜洗净，切成片待用。

③净锅上火，倒入花生油烧热，葱、姜爆香，下入鸡翅根肉煸炒至快熟，下入木耳、黄瓜，调入精盐、蚝油炒匀，调入香油，盛盘即可。

【味型】 咸味突出，瓜香味浓。

【烹制要点】 鸡翅根肉要尽量片得薄些，否则成熟较慢。

【吃出营养】 鸡翅根、木耳、黄瓜搭配成菜具有润肤、瘦身、排毒、补虚损等功效。

二、炖菜篇

白菜

白菜猪肉炖粉皮

【原料】 白菜叶350克，猪五花肉100克，粉条75克，胡萝卜30克。

【调料】 色拉油20克，精盐6克，蚝油4克，鸡粉3克，生抽2克，葱、姜各5克。

【制作】

①将粉条用水泡透，洗净，切成段备用。

②将白菜叶洗净，撕成块。五花肉洗净，切成片。胡萝卜洗净，去皮，切成厚片待用。

③净锅上火，倒入色拉油烧热，葱、姜爆香，下入猪五花肉煸炒，调入蚝油、生抽续炒一会儿，下入白菜、胡萝卜翻炒，倒入适量水，调入精盐、鸡粉烧开，放入粉条至熟，盛碗即可。

【味型】 香味突出，微咸。

【烹制要点】 白菜叶要先炒一会儿，这样才会更加美味。

【吃出营养】 白菜、猪五花肉等相配成菜具有健脾、养胃、促进食欲等功效。

豆腐菜叶炖猪血

【原料】 白菜叶200克，豆腐100克，猪血75克。

【调料】 花生油15克，精盐7克，鸡精5克，酱油3克，葱花4克，香油2克。

【制作】

①将白菜叶洗净，撕成块。豆腐洗净，切成块备用。

②猪血洗净，切成块，放在水内泡一会儿，控净水待用。

③净锅上火，倒入花生油烧热，葱花炝香，下入白菜稍炒，调入精盐、鸡精、酱油，倒入水，下入豆腐、猪血炖熟，调入香油，盛碗即可。

【味型】 咸鲜突出，豆腐滑嫩。

【烹制要点】 豆腐要多炖一会儿，不然入味不好。

【吃出营养】 白菜、豆腐、猪血搭配成菜具有排除体内垃圾、健脾、利便等功效。

豆腐 豆腐丸子炖青菜

【原料】 内酯豆腐1盒，鸡肉丸子15棵，青菜50克。
【调料】 色拉油10克，精盐8克，鸡粉2克，葱、姜各4克。
【制作】
①将内酯豆腐取出，切成块。鸡肉丸子，洗净备用。
②青菜洗净，切成段待用。
③净锅上火，倒入色拉油烧热，葱、姜爆香，下入鸡肉丸子稍炒，倒入适量水，调入精盐、鸡粉，下入内酯豆腐炖熟，再下入青菜至熟，盛碗即可。
【味型】 鲜味突出，色泽美观。
【烹制要点】 鸡肉丸子要先烹炒一下，再炖至膨胀才会更加美味。
【吃出营养】 内酯豆腐、鸡肉丸子和青菜搭配成菜具有补虚、养胃、助消化等功效。

辣子炖豆腐

【原料】 内酯豆腐400克，干辣子6个，大葱半棵。
【调料】 花生油12克，精盐10克，味精3克，香油5克，香菜末2克。
【制作】
①将内酯豆腐洗净，切成条。干辣子洗净，切成节备用。
②大葱去皮，洗净，切碎待用。
③净锅上火，倒入花生油烧热，大葱、干辣子炝锅，下入内酯豆腐翻炒，倒入水，调入精盐、味精炖熟，调入香油，撒入香菜末，盛碗即可。
【味型】 口感爽滑，香辣适口。
【烹制要点】 内酯豆腐容易碎，所以稍微烹炒一下即可。
【吃出营养】 内酯豆腐、干辣子、大葱三者相配成菜具有杀菌、驱寒、提高食欲等功效。

黄豆芽 猪肉豆芽炖海带

【原料】 黄豆芽300克，猪肉100克，海带50克。
【调料】 大豆油20克，精盐5克，酱油6克，鸡粉3克，葱、姜各4克。
【制作】
①将黄豆芽洗净。猪肉洗净，切成小块。海带洗净，切成块备用。
②锅上火，倒入水烧开，放入黄豆芽焯烫，捞起控水待用。
③净锅上火，倒入大豆油烧热，葱、姜爆香，下入猪肉煸炒至变色，调入酱油，下入黄豆芽、海带续炒，倒入适量水，调入精盐、鸡粉炖熟，盛碗即可。
【味型】 咸鲜唯美，豆芽清香。
【烹制要点】 黄豆芽炖的时间稍微长些，不然口味不好。
【吃出营养】 黄豆芽、猪肉、海带三者相配成菜具有养阴、开胃、化痰、降压等功效。

粉条豆芽炖鸽蛋

【原料】 黄豆芽200克，粉条35克，鸽蛋10棵，青菜叶20克。
【调料】 花生油15克，精盐6克，生抽4克，味精2克，葱花6克。
【制作】
①将黄豆芽洗净。粉条用水泡透，洗净，切成段。青菜叶洗净备用。
②鸽蛋洗净，煮熟捞起，去皮待用。
③净锅上火，倒入花生油烧热，葱花炝香，下入黄豆芽翻炒，调入生抽续炒一下，倒入水，下入鸽蛋、粉条、青菜叶，调入精盐、味精炖熟，盛碗即可。
【味型】 色泽美观，口味香醇。
【烹制要点】 黄豆芽炒得时间越长，口味越好。
【吃出营养】 黄豆芽、鸽蛋等搭配成菜具有通便利水、养阴、益肾等功效。

萝卜

萝卜炖鸡肉

【原料】 萝卜1个，鸡肉125克。
【调料】 色拉油15克，精盐8克，鸡粉4克，蚝油3克，香油5克，姜片2克。
【制作】
①将萝卜洗净，去皮，切成块。鸡肉洗净，切成块备用。
②锅内倒入水烧开，放入鸡肉氽烫，捞起洗净控水待用。
③净锅上火，倒入色拉油烧热，姜片炝锅，下入鸡肉煸炒2分钟，下入萝卜，调入蚝油稍炒，倒入水，调入精盐、鸡粉炖熟，调入香油，盛碗即可。
【味型】 萝卜鲜香，汤味微咸。
【烹制要点】 鸡肉要先炒一会儿，这样口味更好。
【吃出营养】 萝卜和鸡肉相配成菜具有美容、瘦身、促进消化等效果。

肉片萝卜炖腐竹

【原料】 萝卜300克，猪肉150克，腐竹3根。
【调料】 花生油15克，精盐7克，酱油5克，鸡精2克，花椒油4克，葱花6克。
【制作】
①腐竹用水泡透，洗净杂质，切成段备用。
②将萝卜洗净，去皮，切成方块。猪肉洗净，切成块待用。
③净锅上火，倒入花生油烧热，葱花爆香，下入猪肉稍炒，调入酱油，下入萝卜翻炒，倒入水，调入精盐、鸡精烧开，下入腐竹炖熟，调入花椒油，盛碗即可。
【味型】 口味鲜味，微麻。
【烹制要点】 猪肉要用小火煸炒一会儿，炖好后汤才会更加鲜美。
【吃出营养】 萝卜、猪肉、腐竹相配成菜具有顺气、滋补身体、健脾等效果。

土豆

土豆炖火腿

【原料】 土豆2个，火腿1根，香菜1棵。

【调料】 玉米油10克，精盐5克，鸡粉3克，葱花5克。

【制作】

①将土豆去皮，洗净，切成块备用。

②火腿切成块。香菜择洗净，切成段待用。

③净锅上火，倒入玉米油烧热，葱花炝香，下入火腿炒一下，再下入土豆同炒，倒入水，调入精盐、鸡粉炖熟，撒入香菜，盛碗即可。

【味型】 鲜味突出，微咸。

【烹制要点】 土豆炖的时间要稍长些，不但美味，口感也很好。

【吃出营养】 土豆、火腿、香菜搭配成菜具有补气、养血、利便等功效。

土豆粉皮炖肉

【原料】 土豆350克，猪肉100克，粉皮半张。

【调料】 花生油20克，精盐6克，酱油4克，味精2克，葱、姜各4克，干辣椒节3克。

【制作】

①将粉皮用水泡透，撕成块备用。

②将土豆去皮，洗净，切成块。猪肉洗净，切成块待用。

③净锅上火，倒入花生油烧热，葱、姜、干辣椒节爆香，下入猪肉稍炒，调入酱油，下入土豆翻炒，倒入适量水，调入精盐、味精烧开，放入粉皮炖熟，盛碗即可。

【味型】 香辣适口，粉皮爽滑。

【烹制要点】 粉皮不要下入过早，还要防止粘锅。

【吃出营养】 土豆、猪肉等相配成菜具有健脾、提高体质、养胃等功效。

芸豆

芸豆炖肉块

【原料】 芸豆400克，猪肉175克，胡萝卜20克。

【调料】 色拉油15克，精盐4克，酱油10克，味精3克，葱花5克。

【制作】

①将芸豆择洗净，掰成段。猪肉洗净，切成块备用。

②胡萝卜洗净，去皮，切成块待用。

③净锅上火，倒入色拉油烧热，葱花炝锅，下入猪肉煸炒，调入酱油，下入芸豆、胡萝卜翻炒，调入精盐、味精，倒入水炖熟，盛碗即可。

【味型】 咸鲜味浓，胡萝卜味甜。

【烹制要点】 猪肉切得块不要过大，不然炖好味道不好。

【吃出营养】 芸豆、猪肉和胡萝卜搭配成菜具有健体、开胃、促进发育等功效。

芸豆粉条炖豆腐

【原料】 芸豆250克，豆腐100克，粉条20克。

【调料】 花生油20克，精盐8克，鸡粉4克，姜丝3克，香油5克。

【制作】

①粉条用水泡透，洗净，切成段备用。

②将芸豆择洗净，掰成段。豆腐洗净，切成条待用。

③净锅上火，倒入花生油烧热，姜丝炝锅，下入芸豆稍炒，倒入水，下入豆腐，调入精盐、鸡粉炖至快熟时，下入粉条再用小火炖熟，调入香油，盛碗即可。

【味型】 豆腐爽滑，微咸，味美。

【烹制要点】 芸豆要用稍微嫩点的，否则口味不好。

【吃出营养】 芸豆、豆腐、粉条搭配成菜具有健脾、养胃、活血等功效。

海带

海带炖豆腐

【原料】 海带200克，嫩豆腐150克。

【调料】 色拉油12克，精盐8克，鸡精2克，葱、姜各4克。

【制作】

①将海带洗净，切成块。嫩豆腐洗净，切成块备用。

②锅上火倒入水烧开，放入海带焯烫，捞起控净水待用。

③净锅上火，倒入色拉油烧热，葱、姜爆香，下入嫩豆腐烹炒，倒入水，调入精盐、鸡精烧开，下入海带炖熟，盛碗即可。

【味型】 鲜味突出，口感爽滑。

【烹制要点】 炖时要用小火慢炖，味道才会更美。

【吃出营养】 海带和豆腐搭配成菜具有化痰、健脾养胃等功效。

鸡块炖海带

【原料】 海带300克，鸡腿肉1条。

【调料】 花生油15克，精盐6克，酱油8克，味精3克，葱、姜各2克。

【制作】

①将海带洗净，切成块。鸡腿洗净，斩成块备用。

②锅内倒入水，下入鸡块汆烫5分钟，捞起洗净杂质，控净水分待用。

③净锅上火，倒入花生油烧热，下入鸡块稍炒，调入酱油，下入海带，倒入水烧开，调入精盐、味精炖熟，盛碗即可。

【味型】 鸡肉香美，鲜味突出。

【烹制要点】 鸡块要汆水稍微久些，这样炖好后没有腥味。

【吃出营养】 海带与鸡肉相配成菜具有补虚、益五脏、降压等功效。

豆皮

豆腐皮炖白菜肉

【原料】 豆皮1张，白菜叶100克，猪肉50克。

【调料】 玉米油12克，精盐6克，蚝油4克，鸡精2克，葱花5克，八角1个，香油4克。

【制作】

①将豆皮洗净，切成宽条。白菜叶洗净，撕成块备用。

②猪肉洗净，切成片待用。

③净锅上火，倒入玉米油烧热，八角、葱花爆香，下入猪肉煸炒，调入蚝油，下入白菜叶、豆皮翻炒，倒入适量水，调入精盐、鸡精炖熟，调入香油，盛碗即可。

【味型】 咸味突出，鲜美。

【烹制要点】 豆腐皮入味较慢，所以要多炖一会儿。

【吃出营养】 豆皮、白菜、猪肉搭配具有促进食欲、利便等功效。

黄豆芽粉皮炖豆皮

【原料】 豆皮300克，黄豆芽75克，粉皮30克。

【调料】 花生油20克，精盐5克，酱油7克，鸡粉3克，葱、姜各5克。

【制作】

①粉皮用水泡透，洗净，撕成块备用。

②将豆皮洗净，切成块。黄豆芽洗净待用。

③净锅上火，倒入花生油烧热，葱、姜爆锅，下入黄豆芽、豆皮翻炒，调入酱油、精盐、鸡粉，倒入水烧开，放入粉皮炖熟，盛碗即可。

【味型】 香鲜味美，微咸。

【烹制要点】 黄豆芽要先炒一会儿，成菜味道更香。

【吃出营养】 豆皮、黄豆芽、粉条相配成菜具有健脾、补血、养胃等功效。

冬 瓜 鸡块炖冬瓜

【原料】 冬瓜500克，鸡肉135克，香菜1棵。

【调料】 花生油15克，精盐10克，鸡粉5克，葱花3克，香油2克。

【制作】

①将冬瓜去皮、子，洗净，切成块。鸡肉洗净，斩成块。香菜择洗净，切成末备用。

②锅内倒入水，下入鸡块汆水，捞起洗净控水待用。

③净锅上火，倒入花生油烧热，葱花炝香，下入鸡块煸炒，调入精盐、鸡粉，下入冬瓜翻炒，倒入水炖熟，调入香油，撒入香菜末，盛碗即可。

【味型】 鲜味突出，鸡肉滑嫩。

【烹制要点】 冬瓜要多炖一会儿，才会吸收鸡块的香味。

【吃出营养】 冬瓜、鸡肉、香菜搭配成菜具有美体、减肥、润肤等功效。

香菇冬瓜炖大枣

【原料】 冬瓜350克，香菇6朵，大枣5颗。

【调料】 精盐3克、冰糖5克。

【制作】

①将大枣用温水泡透洗净备用。

②将冬瓜去皮、子，洗净，切成小块。香菇洗净，去蒂，切成丝待用。

③净锅上火，倒入纯净水，下入冬瓜、香菇、大枣，调入精盐、冰糖炖熟，盛碗即可。

【味型】 甜味突出，香菇味浓。

【烹制要点】 大枣要充分泡透，炖好后味道才会更浓。

【吃出营养】 冬瓜、香菇、大枣相配成菜具有补血、养血、消暑等功效。

莲藕 藕块炖木耳

【原料】 莲藕1根，木耳25克，青菜10克。
【调料】 色拉油12克，精盐6克，鸡精4克，酱油3克，葱花5克。
【制作】
①将木耳用水泡透，洗净杂质，撕成小块备用。
②将莲藕去皮，洗净，切成块。青菜洗净，切成小段待用。
③净锅上火，倒入色拉油烧热，葱花炝香，下入莲藕、木耳翻炒，倒入水，调入精盐、酱油、鸡精炖熟，盛碗即可。
【味型】 咸味突出，别具一格。
【烹制要点】 莲藕空内泥沙较多，一定要清洗干净防止成菜牙碜。
【吃出营养】 莲藕、木耳、青菜搭配成菜具有活血散瘀、止咳等功效。

豆腐炖莲藕

【原料】 莲藕200克，豆腐150克，芹菜1棵。
【调料】 色拉油15克，精盐8克，味精2克，葱、姜各4克，花椒油3克。
【制作】
①将莲藕去皮，洗净，切成小块备用。
②豆腐洗净，切成块。芹菜择洗净，切成小段待用。
③净锅上火，倒入色拉油烧热，葱、姜爆香，下入莲藕、豆腐稍炒，倒入水，调入精盐、味精炖熟，调入花椒油，盛碗即可。
【味型】 莲藕清脆，豆腐滑嫩，微麻。
【烹制要点】 莲藕要多炖一会儿味道才更好。
【吃出营养】 莲藕、豆腐和芹菜搭配成菜具有平衡血压、开胃、促进消化等功效。

冬菇 冬菇粉条炖小鸡

【原料】 冬菇200克，小鸡肉150克，粉条30克。
【调料】 花生油10克，精盐6克，蚝油4克，鸡粉2克，葱、姜各3克。
【制作】
①将冬菇用水泡透，洗净，去蒂，片成片。粉条泡透，洗净，切成段备用。
②小鸡洗净，斩成块，氽水待用。
③净锅上火，倒入花生油烧热，葱、姜、冬菇爆香，下入小鸡肉煸炒，调入蚝油，倒入水烧开，调入精盐、鸡粉，下入粉条炖熟，盛碗即可。
【味型】 冬菇味浓，鸡肉香美。
【烹制要点】 冬菇要充分泡至没有硬心，否则味道不好。
【吃出营养】 冬菇、鸡肉、粉条相配成菜具有补虚损、抗癌等功效。

猪肉炖冬菇青菜

【原料】 冬菇125克，猪肉75克，青菜50克。
【调料】 色拉油15克，精盐5克，酱油7克，鸡粉4克，姜片2克。
【制作】
①将冬菇浸泡透，洗净，去蒂，切上花刀备用。
②猪肉洗净，切成小块。青菜洗净，切成段待用。
③净锅上火，倒入色拉油烧热，冬菇、姜片炝锅，下入猪肉煸炒，调入酱油、精盐、鸡粉，倒入水炖熟，下入青菜，盛碗即可。
【味型】 口味鲜美，别具风味。
【烹制要点】 猪肉的块不要切得过大，防止入味不好。
【吃出营养】 冬菇、猪肉、青菜搭配成菜具有瘦身、降血脂等功效。

猪 排

清炖猪排骨

【原料】 猪排3根，大葱10克，生姜8克。
【调料】 精盐10克。
【制作】
①将猪排洗净，斩成段。大葱去皮，洗净，切成段。生姜去皮，洗净，切成片备用。
②锅上火倒入水，下入猪排汆水8分钟，洗净杂质控水待用。
③净锅上火倒入水，下入猪排、大葱、姜片烧开，调入精盐炖熟，盛碗即可。
【味型】 鲜香味浓，微咸。
【烹制要点】 猪排必须汆水至没有血色，不然成菜有异味。
【吃出营养】 猪排、大葱、生姜搭配具有补体虚、御风寒等功效。

排骨白菜炖海带

【原料】 猪排500克，白菜叶3片，海带40克。
【调料】 大豆油12克，精盐10克，酱油3克，八角1个，鸡粉2克，白糖1克，姜片5克。
【制作】
①将猪排洗净，斩成块。白菜叶洗净，撕成块。海带洗净，切成块备用。
②锅上火倒入水，下入猪排汆水，捞起洗净控水待用。
③净锅上火，倒入大豆油烧热，姜片、八角爆香，下入猪排、白菜、海带翻炒，调入酱油、精盐、鸡粉、白糖，倒入水炖熟，盛碗即可。
【味型】 白菜味美，汤味鲜香。
【烹制要点】 排骨要用小火慢慢炖熟，汤味才会更浓香。
【吃出营养】 猪排、白菜和海带相配成菜具有强健身体、补虚损、活血等功效。

猪排豆腐炖枸杞

【原料】 猪排350克，豆腐100克，枸杞子8克。

【调料】 精盐10克。

【制作】

①将猪排洗净，斩成节。豆腐洗净，切成条。枸杞子用水稍泡，洗净备用。

②锅上火倒入水，下入猪排汆烫，捞起洗净控水待用。

③净锅上火倒入水，下入猪排、豆腐、枸杞子，调入精盐炖熟，盛碗即可。

【味型】 豆腐滑嫩，味道香美。

【烹制要点】 要用慢火炖制，使豆腐充分吸收排骨的香味。

【吃出营养】 猪排、豆腐和枸杞子搭配煲汤具有补精、助阳、强健筋骨、养胃等功效。

羊排

羊排炖山药大枣

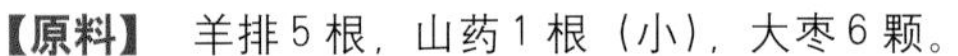

【原料】 羊排5根，山药1根（小），大枣6颗。

【调料】 色拉油12克，精盐10克，味精2克，胡椒粉5克，香醋2克，葱花8克。

【制作】

①将羊排洗净，斩成段。山药去皮，洗净，切成块。大枣放在温水里浸泡，洗净备用。

②锅内倒入水，下入羊排汆水8分钟，捞起稍洗，控净水待用。

③净锅上火，倒入色拉油烧热，葱花爆香，下入羊排翻炒，倒入水，调入精盐炖至八成熟，下入山药、大枣，调入味精炖熟，调入胡椒粉、香醋搅匀，盛碗即可。

【味型】 鲜味突出，酸辣适口。

【烹制要点】 羊排要用小火炖熟，汆水后要洗净上面的杂质。

【吃出营养】 羊排、山药和大枣相配成菜具有益气养血、坚筋骨、益肾固精等功效。

清炖羊排

【原料】 羊排500克，大葱半棵，香菜1棵。

【调料】 精盐12克。

【制作】

①将羊排洗净，斩成小块。大葱去皮，洗净，切成节。香菜择洗净，切成段备用。

②锅内倒入水，下入羊排汆水，洗净待用。

③净锅上火倒入水，下入羊排、大葱烧开，调入精盐炖熟，撒入香菜，盛碗即可。

【味型】 汤色乳白，香鲜。

【烹制要点】 羊排斩的块不要过大，炖的时间越久味道越好。

【吃出营养】 羊排、大葱、香菜搭配具有御风寒、暖脾胃、杀菌、补肺气等功效。

羊排炖白菜

【原料】 羊排350克，白菜叶100克，粉条20克。

【调料】 花生油10克，精盐8克，鸡粉2克，辣椒油5克，葱花4克。

【制作】

①将粉条用水泡透，洗净，切成段备用。

②将羊排洗净，斩成块，汆水。白菜叶洗净，撕成块待用。

③净锅上火，倒入花生油烧热，葱花爆香，下入羊排翻炒，倒入水，调入精盐炖至七成熟，下入白菜、粉条，调入鸡粉续炖至熟，调入辣椒油，盛碗即可。

【味型】 香辣适口，微咸。

【烹制要点】 粉条不要放入的过早，防止口感不好。

【吃出营养】 羊排、白菜和粉条搭配成菜具有补虚损、滋养强壮身体、养胃等功效。

羊 肉

羊肉炖萝卜

【原料】 羊肉500克，萝卜1个，枸杞子4克。

【调料】 大豆油10克，精盐12克，鸡粉5克，葱花3克，干辣椒5克。

【制作】

①将羊肉洗净，切成块。萝卜洗净，去皮，切成块。枸杞子洗净备用。

②锅上火，倒入水烧开，下入羊肉汆烫，捞起洗净控水待用。

③净锅上火，倒入大豆油烧热，葱花、干辣椒爆香，下入羊肉煸炒一下，调入精盐，倒入水炖熟，放入枸杞子，调入鸡粉搅匀，盛碗即可。

【味型】 香味浓郁，色泽美观。

【烹制要点】 羊肉要先汆烫一下，萝卜块不要切得过大，否则入味不佳。

【吃出营养】 羊肉、萝卜和枸杞子搭配成菜具有助阳、益肾、固精、健体等功效。

辣子炖羊肉

【原料】 羊肉400克，干辣椒10克，香菜1棵，大葱半棵。

【调料】 花生油12克，精盐10克，味精3克，醋8克。

【制作】

①将羊肉洗净，切成块。干辣椒洗净，切成节备用。

②香菜择洗净，切成末。大葱去皮，洗净，切碎待用。

③净锅上火，倒入花生油烧热，葱碎、干辣椒爆香，下入羊肉稍炒，调入精盐，倒入水炖熟，调入味精、醋，撒入香菜末，盛碗即可。

【味型】 酸辣适口，羊肉香醇。

【烹制要点】 羊肉尽量多炒一会儿，这样成菜膻味较轻。

【吃出营养】 羊肉、辣椒、香菜等搭配具有暖胃、刺激食欲、御风寒等效果。

羊肉细粉炖青菜

【原料】 羊肉300克，青菜125克，细粉40克。

【调料】 玉米油15克，精盐8克，鸡精3克，葱花5克，香油3克。

【制作】

①将细粉用水泡透洗净，切成段备用。

②将羊肉洗净，切成小块。青菜择洗净，切成段待用。

③净锅上火，倒入玉米油烧热，葱花炝锅，下入羊肉煸炒3分钟，倒入水，调入精盐、鸡精炖至八成熟，下入青菜、细粉炖熟，调入香油，盛碗即可。

【味型】 味道香美，汤浓。

【烹制要点】 羊肉要用小火慢慢煸炒，防止粘锅。

【吃出营养】 羊肉、青菜和细粉搭配煲汤具有益气血、补虚损、滋补身体等功效。

兔肉

萝卜炖兔肉

【原料】 兔肉250克，萝卜半个。

【调料】 大豆油15克，精盐6克，酱油5克，鸡粉3克，葱、姜各2克，香油4克。

【制作】

①将兔肉洗净，斩成块。萝卜洗净，去皮，切成块备用。

②锅上火倒入水烧开，下入兔肉汆烫，捞起洗净控水待用。

③净锅上火，倒入大豆油烧热，葱、姜爆香，下入兔肉煸炒，调入酱油，下入萝卜翻炒，倒入水烧开，调入精盐、鸡粉炖熟，调入香油，盛碗即可。

【味型】 鲜味突出，兔肉香嫩。

【烹制要点】 兔肉要用慢火煸炒一下，萝卜才能入味。

【吃出营养】 兔肉和萝卜搭配煲汤具有润肤、除皱、促进消化等功效。

兔肉炖冬瓜

【原料】 兔腿肉2只，冬瓜175克，香菜1棵。

【调料】 色拉油10克，精盐8克，蚝油6克，味精3克，葱花4克，白糖2克。

【制作】

①将兔腿肉洗净，斩成块。冬瓜去皮、子，洗净，切成块。香菜择洗净，切成段备用。

②锅上火倒入水，下入兔腿肉汆烫3分钟，捞起洗净控水待用。

③净锅上火，倒入色拉油烧热，葱花爆香，下入兔腿肉煸炒，调入蚝油炒至上色，下入冬瓜翻炒，倒入适量水，调入精盐、白糖、味精炖至成熟，撒入香菜段，盛碗即可。

【味型】 味道香美，微咸。

【烹制要点】 兔腿肉要煸炒至上色，这样不但没有异味而且更好吃。

【吃出营养】 兔肉、冬瓜等搭配成菜具有补中益气、消暑、解毒等功效。

菜心兔肉炖粉皮

【原料】 兔肉350克，菜心100克，粉皮25克。
【调料】 花生油15克，精盐7克，酱油5克，鸡粉3克，丁香6克，葱、姜各2克。
【制作】
①将粉皮用水泡透，洗净，撕成小块备用。
②将兔肉洗净，斩成块，汆水。菜心洗净待用。
③净锅上火，倒入花生油烧热，葱、姜、丁香爆香，下入兔肉煸炒，调入酱油、精盐、鸡粉，倒入适量水炖至七成熟时，下入粉皮至熟，再下入菜心炖2分钟，盛碗即可。
【味型】 丁香味浓，兔肉嫩香。
【烹制要点】 菜心不要过早下入，防止火候过大。
【吃出营养】 兔肉、菜心、粉条相配具有健脾胃、活血化瘀等功效。

鸡腿肉

鸡腿肉炖土豆

【原料】 鸡腿肉1条，土豆2个，香菇4朵。
【调料】 色拉油12克，精盐8克，酱油4克，味精2克，葱、姜各5克。
【制作】
①将鸡腿肉洗净，斩成块。土豆去皮，洗净，切成块。香菇洗净，去蒂，片成片备用。
②锅内倒入水，下入鸡块汆烫，捞起洗净浮沫，控水待用。
③净锅上火，倒入色拉油烧热，葱、姜、香菇爆香，下入鸡块稍炒，调入酱油，下入土豆续炒，倒入水，调入精盐、味精炖熟，盛碗即可。
【味型】 香菇味浓，肉质鲜美。
【烹制要点】 鸡腿肉要汆水后洗净上面的杂质，不然成菜有腥味。
【吃出营养】 鸡腿肉、土豆和香菇搭配具有补虚损、提高免疫力、健脾等功效。

冬菇粉条炖鸡块

【原料】 肉鸡400克，冬菇20朵，粉条15克。
【调料】 花生油10克，精盐7克，蚝油5克，鸡粉2克，葱、姜各4克，八角1个，香菜3克。
【制作】
①冬菇用温水泡透，洗净，去蒂，片成片。粉条泡透，洗净，切成段备用。
②将肉鸡洗净，斩成块，放入水内汆烫，洗净控水待用。
③净锅上火，倒入花生油烧热，葱、姜、八角、冬菇爆香，下入肉鸡煸炒，调入蚝油，倒入水，调入精盐、鸡粉烧开，下入粉条炖熟，撒入香菜，盛碗即可。
【味型】 冬菇香醇，鸡肉味美。
【烹制要点】 冬菇要泡至没有硬心，下入粉条后注意不要煳锅。
【吃出营养】 肉鸡、冬菇、粉条搭配具有恢复体质、益五脏、补虚等功效。

黄豆酱炖鸡腿肉

【原料】 鸡腿肉350克，洋葱1个（小），胡萝卜半根。

【调料】 玉米油20克，精盐10克，白糖2克，辣椒油8克。

【制作】

①将鸡腿肉洗净，斩成块。洋葱去皮，洗净，切成块。胡萝卜洗净，去皮，切成块备用。

②锅上火倒入水，下入鸡块汆烫，捞起洗净杂质，控净水分待用。

③净锅上火，倒入玉米油烧热，洋葱爆香，下入鸡腿肉、胡萝卜稍炒，倒入适量水，调入精盐、白糖炖熟，调入辣椒油，盛碗即可。

【味型】 葱香味浓，香辣适口。

【烹制要点】 鸡腿肉最好汆至八成熟，防止胡萝卜火候过大。

【吃出营养】 鸡腿肉、洋葱、胡萝卜搭配成菜具有减肥、美体、活血、助发育等功效。

鸭肉

清炖鸭肉

【原料】 鸭肉400克，老姜15克，香菜1棵。

【调料】 精盐12克。

【制作】

①将鸭肉洗净，斩成块。老姜去皮，洗净，拍松。香菜择洗净，切成末备用。

②锅上火倒入水，下入鸭肉汆烫，捞起洗净待用。

③净锅上火倒入水，下入鸭肉、老姜烧开，撇去浮沫，调入精盐炖熟，撒入香菜末，盛碗即可。

【味型】 香味突出，鸭肉嫩香。

【烹制要点】 炖鸭肉时一定要把浮沫撇净，不然有异味。

【吃出营养】 鸭肉、老姜和香菜搭配具有暖胃、御寒、滋阴、利水等功效。

鸭肉炖萝卜

【原料】 鸭腿1只，胡萝卜1根。
【调料】 色拉油10克，精盐8克，鸡粉2克，酱油4克，八角1个，葱、姜各2克。
【制作】
①将鸭腿洗净，斩成块。胡萝卜洗净，去皮，切成滚刀块备用。
②锅内倒入水，下入鸭子腿汆烫，捞起洗净控水待用。
③净锅上火，倒入色拉油烧热，葱、姜、八角爆香，下入鸭子腿煸炒，调入酱油，下入胡萝卜翻炒，倒入水，调入精盐、鸡粉炖熟，盛碗即可。
【味型】 香味扑鼻，微咸。
【烹制要点】 鸭腿要用小火慢慢炖，入味才会更好。
【吃出营养】 鸭腿和胡萝卜搭配成菜具有促进发育、补虚、活血等功效。

杂瓣炖鸭肉

【原料】 鸭肉300克，土豆1个，胡萝卜20克，木耳15克，青菜12克。
【调料】 花生油12克，精盐10克，味精3克，花椒粒2克，姜片2克，醋5克。
【制作】
①将木耳用水泡透，洗净，撕成小块备用。
②将鸭肉洗净，斩成块，汆水。土豆、胡萝卜去皮，洗净，均切成块。青菜洗净，切成段待用。
③净锅上火，倒入花生油烧热，姜片、花椒粒爆香，下入鸭块煸炒，调入精盐，下入土豆、胡萝卜稍炒，倒入水，调入味精炖至九成熟时，下入木耳、青菜炖熟，调入醋搅匀，盛碗即可。
【味型】 色泽美观，口味独特，汤味香醇。
【烹制要点】 青菜不要放入过早，等鸭肉快熟时放入即可。
【吃出营养】 鸭肉、土豆、胡萝卜等搭配具有滋阴养阴、健脾开胃、润肺化痰、温中散寒等功效。

牛 肉

西红柿炖牛肉

【原料】 牛肉300克，西红柿2个，香菜1棵。
【调料】 花生油12克，精盐10克，鸡粉5克，白糖3克，葱花8克，香油6克。
【制作】
①将牛肉洗净，切成小块备用。
②西红柿洗净，切成块。香菜择洗净，切成段备用。
③净锅上火，倒入花生油烧热，葱花炝香，倒入牛肉块煸炒3分钟，倒入水烧开，调入精盐、鸡粉、白糖炖20分钟，倒入西红柿继续炖15分钟，撒入香菜段，调入香油，盛碗即可。
【味型】 色泽红润，酸香味浓。
【烹制要点】 牛肉要先用小火煸炒至变色，倒入水后用小火炖一段时间，不然成菜口味不好。
【吃出营养】 牛肉和西红柿相配成菜具有强健身体、补虚、消暑解渴等功效。

牛肉炖土豆粉丝

【原料】 牛肉350克，土豆200克，粉丝25克。
【调料】 色拉油15克，精盐8克，鸡精5克，酱油6克，胡椒粉4克，葱花6克。
【制作】
①将牛肉洗净，切成块。土豆去皮，洗净，切成块备用。
②粉丝用水泡透，捞起洗净，切成段待用。
③净锅上火，倒入色拉油烧热，放入葱花炝香，倒入牛肉煸炒一会儿，调入酱油续炒至上色，倒入土豆继续翻炒，调入精盐、鸡精、胡椒粉，倒入水烧开，改用小火慢慢炖制30分钟，放入粉丝至熟，盛碗即可。
【味型】 咸鲜味香，土豆软绵。
【烹制要点】 牛肉要先煸炒至上色，炖好后无论牛肉还是汤都没有腥味，味道更香美。
【吃出营养】 牛肉、土豆与粉丝搭配成菜具有健体、补虚损、健脾养胃等功效。

牛肉花生炖菜叶

【原料】 牛肉250克，花生米100克，青菜叶75克。
【调料】 清汤适量，植物油15克，精盐10克，味精5克，白糖2克，葱、姜各4克，香油5克。
【制作】
①将牛肉洗净，切成小块。青菜叶洗净备用。
②花生米用温水浸泡至完全膨胀，稍微洗一下待用。
③净锅上火，倒入植物油烧热，放入葱、姜炝香，倒入牛肉煸炒至萎缩，倒入清汤，下入花生米，调入精盐、白糖小火炖制50分钟，放入青菜叶至熟，调入味精、香油搅匀，盛碗即可。
【味型】 牛肉鲜美，花生醇香。
【烹制要点】 花生米要完全泡透，牛肉里面的清汤要多加些，用小火慢炖至熟，要防止煳锅。
【吃出营养】 牛肉和花生米及青菜搭配成菜具有健体、养胃、提高免疫力等功效。

鲫　鱼

鲫鱼炖煎豆腐

【原料】 鲫鱼1条（重约200克），卤水豆腐200克，香菜1棵。
【调料】 花生油20克，清汤适量，精盐8克，鸡粉4克，胡椒粉3克，米醋5克，葱、姜各7克，香油5克。
【制作】
①将鲫鱼宰杀，洗净。卤水豆腐洗净，切成片。香菜择洗净，切成末备用。
②净锅上火，倒入花生油烧热，放入卤水豆腐煎至两面金黄，盛出待用。
③锅内再加入少许花生油烧热，放入鲫鱼稍微煎至外皮紧凑，放入葱姜炝香，倒入清汤，调入精盐、鸡粉烧开，放入煎好的卤水豆腐小火炖制30分钟，调入胡椒粉、米醋、香油，撒入香菜末，盛碗即可。
【味型】 鱼肉鲜美，豆腐汤汁浓厚。
【烹制要点】 煎卤水豆腐的时候，要控制好油温，不要煎煳。
【吃出营养】 鲫鱼和豆腐等搭配成菜具有利水、健脾、开胃、杀菌等功效。

老姜炖鲫鱼

【原料】 鲫鱼250克，老姜35克，大葱20克。
【调料】 清汤适量，精盐10克，味精6克，香油4克。
【制作】
①将鲫鱼宰杀，洗净，斩成块备用。
②老姜去皮，洗净，切成大片。大葱去皮，洗净，切成小段待用。
③炖锅上火，倒入清汤烧开，放入鲫鱼再开锅2分钟，撇净上面的浮沫，放入老姜、大葱，调入精盐、味精炖制汤色乳白，调入香油，盛碗即可。
【味型】 汤色乳白，鱼肉香美，葱姜味浓。
【烹制要点】 鲫鱼开锅后上面的浮沫必须撇净，不然炖好腥味很重，汤色浑浊，影响食用。
【吃出营养】 鲫鱼和老姜、大葱相配成菜具有补体虚、催乳、美容、暖胃等功效。

清 炖 鲫 鱼

【原料】 鲫鱼1条（重约250克），嫩豆腐100克。
【调料】 清汤适量，精盐10克。
【制作】
①将鲫鱼宰杀，洗干净，在两面切上花刀备用。
②嫩豆腐洗净，切成条待用。
③炖锅上火，倒入清汤，调入精盐，放入鲫鱼烧开，撇净浮沫，倒入嫩豆腐，小火炖制35分钟，盛碗即可。
【味型】 鲜味十足，鱼肉嫩香，豆腐爽滑。
【烹制要点】 鲫鱼宰杀后，里面的黑色膜要搓洗干净，否则炖好的汤味发苦。
【吃出营养】 鲫鱼和豆腐清炖成菜具有补虚损、养脾胃、通乳等功效。

鲶 鱼

鲶鱼炖茄子宽粉

【原料】 鲶鱼1条（重约500克），长茄子1根，宽粉条20克。
【调料】 清汤适量，色拉油20克，精盐12克，鸡精6克，白糖4克，料酒8克，香菜段3克，葱、姜、蒜各5克，香油6克。
【制作】
①将鲶鱼宰杀干净，切成片。长茄子洗净，去蒂，切成条。宽粉条用温水泡透，洗净，切成段备用。
②锅内倒入水，放入鲶鱼汆烫至微卷，捞起用清水洗净待用。
③净锅上火，倒入色拉油烧热，放入葱、姜、蒜炝香，倒入鲶鱼翻炒几下，倒入清汤烧开，调入精盐、鸡精、白糖、料酒，放入长茄子小火炖制20分钟，下入宽粉条续炖2分钟，撒入香菜段，淋入香油，盛碗即可。
【味型】 汤色浓稠，咸鲜味浓，香味突出。
【烹制要点】 鲶鱼要汆至没有血色，还要用油烹炒，放入宽粉条后，轻轻搅动，不然会煳锅。
【吃出营养】 鲶鱼、茄子、宽粉条搭配成菜具有滋阴养阴、开胃等功效。

清炖鲶鱼

【原料】 鲶鱼肉250克，大葱、生姜各12克。

【调料】 高汤适量，精盐10克，鸡粉2克，香油4克。

【制作】

①将鲶鱼肉洗净，斩成块。大葱去皮，洗净，切成节。生姜去皮，洗净，切成片备用。

②锅内倒入水烧开，放入鲶鱼肉氽烫至没有血色，捞起洗净上面的杂质，控水待用。

③净锅上火，倒入高汤，调入精盐、鸡粉烧开，放入鲶鱼、大葱、生姜小火炖制25分钟，调入香油，盛碗即可。

【味型】 鱼肉鲜香、滑嫩，葱姜味浓。

【烹制要点】 鲶鱼肉一定要选用活的，不然肉质不够鲜美，而且汤色较差，味道不好。

【吃出营养】 鲶鱼清炖营养更加丰富，成菜具有通便、补虚、益肾、消毒杀菌等功效。

鲶鱼炖腐竹

【原料】 鲶鱼1条（重约650克），腐竹4根。

【调料】 清汤适量，花生油15克，精盐12克，鸡精4克，白糖6克，蚝油5克，大料2个，葱、姜各4克。

【制作】

①将鲶鱼宰杀，洗净，切成片。腐竹用温水泡透，洗净，切成小段备用。

②锅内倒入水，放入鲶鱼氽烫4分钟，捞起洗净杂质，控水待用。

③净锅上火，倒入花生油烧热，大料、葱、姜爆香，倒入鲶鱼翻炒几下，调入蚝油、白糖炒至上色，倒入清汤，调入精盐、鸡精，下入腐竹小火炖25分钟，盛碗即可。

【味型】 香味突出，腐竹清香。

【烹制要点】 鲶鱼要先炒至上色，这样炖出来的菜肴没有异味。

【吃出营养】 鲶鱼和腐竹成菜具有健脾、开胃、增乳汁等功效。

家常小炖鲶鱼

【原料】 鲶鱼肉300克，青辣椒2个，干辣椒10克。

【调料】 植物油15克，精盐8克，味精4克，白糖2克，酱油5克，花椒粒、大料各2克，大蒜12克。

【制作】

①将鲶鱼肉洗净，切成块。青辣椒洗净，去蒂、子，切成块。干辣椒洗净，切成段备用。

②将鲶鱼放入盆内，倒入滚开的开水烫5分钟，捞起洗净。

③净锅上火，倒入植物油烧热，放入大蒜、花椒粒、大料、干辣椒炝香，倒入鲶鱼肉炒几下，倒入水烧开，调入精盐、味精、白糖、酱油小火炖20分钟，盛碗即可。

【味型】 麻辣适口，鲜香味浓，别具特色。

【烹制要点】 鲶鱼肉的块要稍大一点，在锅内多翻炒一会，最后要用大火再炖2分钟，成菜后味道才会更好。

【吃出营养】 鲶鱼及辣椒搭配成菜具有开胃、温中散寒、补中益气等功效。

三、凉菜篇

豆腐

凉拌豆腐

【原料】 嫩豆腐200克，小葱1棵，柿子椒35克。
【调料】 精盐6克，鸡精3克，胡椒粉5克，葱油4克。
【制作】
①将嫩豆腐洗净，切成丁。小葱去皮，洗净，切成葱花。柿子椒洗净，去蒂、子，切成嫩豆腐大小的丁备用。
②锅内倒入水烧开，放入嫩豆腐焯烫1分钟，捞起凉透待用。
③将小葱、柿子椒放在盛器内，调入精盐、鸡精、胡椒粉拌匀，再放入嫩豆腐，调入葱油再次拌匀，盛盘即可。
【味型】 两色相称，豆腐清香，葱香味浓，微辣。
【烹制要点】 嫩豆腐要先焯烫一下，但不要用冷水过凉，成菜豆腐的味道才会更加醇厚。
【吃出营养】 嫩豆腐、小葱、柿子椒三者拌制成菜具有开胃、健脾、杀菌等功效。

蒜泥豆腐

【原料】 嫩豆腐300克，大蒜10瓣，香菜1棵。
【调料】 精盐4克，酱油2克，味精3克，米醋5克，香油7克。
【制作】
①将嫩豆腐洗净，切成片，放在盘子里蒸3分钟，取出凉透备用。
②大蒜去皮，洗净。香菜择洗净，切成末待用。
③把大蒜放在蒜缸内捣成泥，调入精盐、酱油、味精、米醋、香油，调制均匀，然后均匀地浇在盘内的嫩豆腐上，撒入香菜末即可。
【味型】 蒜香味浓，豆腐香醇。
【烹制要点】 嫩豆腐蒸透后，要等完全凉透，才可以浇入蒜泥，否则大蒜有煳藤味。
【吃出营养】 嫩豆腐和大蒜搭配成菜具有散寒、暖胃、杀菌、解毒等功效。

豆腐皮

杂拌腐皮

【原料】 豆腐皮1张，大葱20克，青辣椒、红辣椒各1个，胡萝卜15克，水发木耳10克。

【调料】 精盐6克，鸡粉3克，麻汁酱10克，米醋4克，辣椒油3克，香油8克。

【制作】

①将豆腐皮洗净，切成细丝。大葱去皮，洗净，切成丝。青辣椒、红辣椒洗净，去蒂、子，切成丝。胡萝卜洗净，去皮，切成丝。水发木耳择洗净，切成丝备用。

②将麻汁酱、精盐、鸡粉、米醋、辣椒油、香油用小碗调制均匀待用。

③把豆腐皮、大葱、青红辣椒、胡萝卜、水发木耳放在盛器内，倒入调好的料汁拌匀，盛盘即可。

【味型】 色泽艳丽，香辣味浓，口味独特。

【烹制要点】 豆腐皮要选用比较薄的，丝要切得细点，成菜味道才会更好。

【吃出营养】 豆腐皮、大葱、辣椒、胡萝卜等搭配成菜具有开胃、促进食欲等功效。

粉丝香菜拌油皮

【原料】 豆腐皮200克，香菜1棵，粉丝15克。

【调料】 精盐5克，味精3克，白糖1克，辣椒油10克。

【制作】

①将豆油皮洗净，切成块。香菜择洗净，切成段备用。

②粉丝用温水泡透，洗净，切成段待用。

③将豆油皮放在盆内，调入精盐、味精、白糖、辣椒油稍微拌一下，再放入香菜、粉丝拌匀，盛盘即可。

【味型】 香菜味浓，辣味适口。

【烹制要点】 因为入味较慢，豆油皮要抓拌一会儿，成菜味道才会更好。

【吃出营养】 豆油皮、香菜和粉丝搭配成菜具有开胃、健脾、促进消化等功效。

豆干

炝拌豆干

【原料】 豆腐干200克，大葱35克，香菜1棵。

【调料】 色拉油15克，精盐4克，酱油3克，白糖1克，鸡粉3克，花椒粒10克。

【制作】

①将豆腐干洗净，切成丝。大葱去皮，洗净，切成丝。香菜择洗净，切成段备用。

②净锅上火，倒入色拉油烧热，放入花椒粒炸香，捞起花椒待用。

③将豆腐干、大葱、香菜放在盛器内，浇入锅内的花椒油，调入精盐、酱油、白糖、鸡粉拌匀，盛盘即可。

【味型】 葱香味浓，香辣适口。

【烹制要点】 炸花椒粒时油不要太热，防止炸煳。

【吃出营养】 豆腐干、大葱、香菜三者搭配成菜具有杀菌、健脾、提高食欲等功效。

芹菜椒油拌豆干

【原料】 豆腐干175克，芹菜1棵。

【调料】 精盐5克，蚝油2克，味精4克，花椒油10克，香油2克。

【制作】

①将豆腐干洗净，切成条。芹菜择洗净，切成段备用。

②锅内倒入水烧开，放入芹菜焯烫至变绿，捞起投凉，控净水分待用。

③将豆腐干放在大碗内，调入精盐、蚝油、味精拌一下，加入芹菜，调入花椒油、香油拌匀，盛盘即可。

【味型】 色泽美观，口感清脆，花椒味浓。

【烹制要点】 芹菜不要焯得过久，颜色变得翠绿即可，不然口感不脆。

【吃出营养】 豆腐干和芹菜两者搭配成菜具有平衡血压、养胃、除湿等功效。

腐竹

青椒拌腐竹

【原料】 腐竹125克，青椒1个，胡萝卜20克。

【调料】 精盐6克，鸡精3克，白糖2克，辣椒油8克。

【制作】

①将腐竹用温水泡透，洗净，切成段。青椒洗净，去蒂、子，切成条。胡萝卜洗净，去皮，切成宽片备用。

②锅内倒入水烧开，放入青椒、腐竹焯烫，捞起投凉控净水分待用。

③将腐竹、青椒、胡萝卜放在盛器内，调入精盐、鸡精、白糖、辣椒油拌匀，盛盘即可。

【味型】 色泽美观，清淡爽口。

【烹制要点】 青椒焯水不要过大，断生即可，否则颜色和口感都不好。

【吃出营养】 腐竹、青椒和胡萝卜三者搭配具有润肠、健胃、促进发育等功效。

辣拌腐竹丝

【原料】 腐竹150克，辣椒1个，香菜20克，大葱10克。
【调料】 精盐6克，味精2克，胡椒粉4克，花椒油12克。
【制作】
①将腐竹用温水泡透，洗净，切成丝。辣椒洗净，去蒂、子，切成丝。香菜择洗净，切成段。大葱去皮，洗净，切成丝备用。
②锅内倒入水，放入腐竹焯烫，捞起过凉，挤净水分待用。
③将腐竹、辣椒、香菜、大葱倒在盛器内，调入精盐、味精、胡椒粉、花椒油拌匀，盛盘即可。
【味型】 色泽红润，香辣味美。
【烹制要点】 腐竹要泡至完全没有硬心，也不要焯得过大，否则成菜效果不好。
【吃出营养】 腐竹、辣椒、香菜、大葱搭配成菜具有开胃、杀菌、暖胃、提高食欲等功效。

木 耳

辣根木耳

【原料】 黑木耳50克，香菜10克，洋葱8克，红椒6克。
【调料】 精盐7克，白醋10克，辣根8克，鲜味酱油3克，白糖2克，香油5克。
【制作】
①将黑木耳用温水泡透，择洗净，撕成小块。香菜、洋葱、红椒均洗净，切成末备用。
②锅内倒入水，放入黑木耳焯烫，捞起稍凉待用。
③将精盐、白醋、辣根、鲜味酱油、白糖、香油调匀，放入黑木耳拌匀，盛在盘子里，撒入香菜、洋葱、红椒即可。
【味型】 色彩艳丽，辣根味浓，别具风味。
【烹制要点】 辣根不宜放得过多，还要先调匀，不然很呛。应慢慢食用。
【吃出营养】 黑木耳、洋葱等搭配拌制成菜具有解毒、润肺、化痰、排毒等功效。

香菜腐皮拌木耳

【原料】 水发木耳100克，香菜1棵，水发油豆皮75克。
【调料】 精盐5克，味精3克，白糖2克，米醋4克，香油12克，辣椒油15克。
【制作】
①将水发木耳洗净，撕成小朵。香菜择洗净，切成段。水发油豆皮洗净，切成块备用。
②锅内倒入水烧开，放入水发木耳、豆腐皮焯烫，捞起过凉控净水分待用。
③将水发木耳、香菜、水发油豆皮放在盆内，调入精盐、味精、白糖、米醋、香油拌匀，成盘即可。
【味型】 咸鲜味美，香菜浓郁。
【烹制要点】 油豆皮要泡至回软，不然成菜口味较干。
【吃出营养】 水发木耳、香菜、油豆皮搭配成菜具有止咳化痰、健脾、利水等功效。

花 生

香料煮花生

【原料】 花生（带皮）500克，生姜20克，大葱10克。
【调料】 精盐12克，鸡粉5克，大料4克，花椒2克，陈皮5克。
【制作】
①将花生用水浸泡15分钟，搓洗干净上面的泥沙。生姜洗净，拍松，大葱去皮，洗净，拍松，切成段备用。
②将大料、花椒、陈皮用温水洗净，再用干净的纱布包起待用。
③锅内倒入水，调入精盐、鸡粉，放入包好的香料，倒入花生烧开，放入生姜、大葱小火煮50分钟，倒在盆内浸泡40分钟，捞起盛盘即可。
【味型】 香咸味浓，口味香醇。
【烹制要点】 花生上面的泥沙较多，要先浸泡才能洗干净，煮的时候要用小火煮熟后，再放入原汤内浸泡，味道才会更好。
【吃出营养】 花生煮熟后具有养胃、补气、健脾等功效。

葱末老醋花生

【原料】 花生米200克，香葱1棵。
【调料】 色拉油12克，蚝油5克，味精2克，白糖4克，老醋8克，辣椒油10克。
【制作】
①将花生米择净杂质。香葱去皮，洗净，切成末备用。
②净锅上火，倒入色拉油，放入花生米炒熟，盛在盘子里凉透待用。
③将蚝油、味精、白糖、老醋调匀，放入花生米、香葱稍微拌一下，再调入辣椒油拌匀，盛盘即可。
【味型】 酸甜香辣，口感酥脆。
【烹制要点】 炒花生米时，火候不要过大，要不停地翻炒，防止炒煳。
【吃出营养】 花生米和香葱搭配成菜具有杀菌、散寒、润肺、开胃等功效。

芹 菜

芹菜拌红肠

【原料】 芹菜300克，红肠1根，大蒜5瓣。
【调料】 精盐4克，味精2克，鲜味酱油5克，米醋2克，花椒油6克。
【制作】
①将芹菜择洗净，切成段。红肠切成条。大蒜去皮，洗净备用。
②锅内倒入水烧开，放入芹菜焯烫，捞起投凉控净水分待用。
③大蒜放在蒜缸内捣成泥，调入精盐、味精、鲜味酱油、米醋、花椒油调匀，倒在芹菜、红肠内拌匀，盛盘即可。
【味型】 蒜香味浓，口感清脆。
【烹制要点】 芹菜不要焯得过大，色泽翠绿即可；蒜泥要先调制均匀，成菜口味才会更好。
【吃出营养】 芹菜、红肠、大蒜搭配成菜具有杀菌、解毒、补虚、开胃等功效。

蒜泥老醋拌芹菜

【原料】 山芹菜350克，胡萝卜50克。

【调料】 精盐5克，鸡精3克，蚝油4克，蒜泥8克，老醋6克，香油10克。

【制作】

①将山芹菜择洗净，切成段，放在清水内浸泡20分钟，捞起控净水分备用。

②胡萝卜洗净，去皮，切成山芹菜粗细的条待用。

③将蒜泥放在大碗内，调入精盐、鸡精、蚝油、老醋、香油，调制均匀，放入山芹菜、胡萝卜拌匀，盛盘即可。

【味型】 色泽美观，酸辣味浓，芹菜清脆。

【烹制要点】 山芹菜要泡至卷起、硬挺再拌制，成菜口感才会更好。

【吃出营养】 芹菜和胡萝卜相配成菜具有促进食欲、消毒、发汗、温中散寒等功效。

松花蛋

豆腐拌松花蛋

【原料】 松花蛋3个，南豆腐175克，大葱20克。

【调料】 鲜味酱油10克，米醋8克，香油6克。

【制作】

①将松花蛋去皮，洗净，切成条。南豆腐切成片，码在盘子里。大葱去皮，洗净，切成末备用。

②把鲜味酱油、米醋、香油调匀待用。

③将松花蛋撒在南豆腐上，浇入调好的料汁，撒入葱末即可（拌匀）。

【味型】 造型美观，香味突出。

【烹制要点】 南豆腐要切整齐后码入盘内，调料要浇的均匀。

【吃出营养】 松花蛋、南豆腐和大葱搭配具有杀菌、解毒、健脾胃等功效。

姜末老醋松花蛋

【原料】 松花蛋4个，老姜15克，尖椒1个。

【调料】 生抽6克，老醋10克，白糖2克，辣椒油8克。

【制作】

①将松花蛋去皮，洗净，切成条，摆在盘子里备用。

②老姜去皮，洗净，切成末。尖椒洗净，去蒂、子，切成末待用。

③把生抽、老醋、白糖、辣椒油放在小碗内，放入老姜、尖椒调匀，再浇在松花蛋上即可。

【味型】 香辣味美，姜味浓郁。

【烹制要点】 调味料要先调制均匀，不然口味不一致。不要直接拌防止松花蛋破碎，影响美观。

【吃出营养】 松花蛋、老姜和辣椒搭配具有开胃、进食、养阴、驱寒等功效。

豆角

花生酱拌豆角

【原料】 豆角250克，大蒜6瓣。
【调料】 精盐8克，味精3克，花生酱12克，白糖2克，米醋4克，香油6克。
【制作】
①将豆角择洗净，切成段。大蒜去皮，洗净备用。
②锅内倒入水，放入豆角焯烫至熟，捞起投凉控净水分待用。
③把大蒜捣成泥，调入精盐、味精、花生酱、白糖、米醋、香油调制均匀，放入豆角拌匀，盛盘即可。
【味型】 香味浓郁，蒜香突出。
【烹制要点】 豆角要焯至完全熟，防止食用后消化不良。
【吃出营养】 豆角和大蒜搭配拌制成菜肴具有消毒、发汗、提高食欲等功效。

蒜泥红肠拌豆角

【原料】 豆角200克，红肠35克。
【调料】 蚝油6克，鸡精2克，蒜泥10克，辣椒油12克。
【制作】
①将豆角择洗净，切成段。红肠切成条备用。
②锅内倒入水，放入豆角焯烫至熟，捞起投凉控净水分待用。
③将蒜泥、蚝油、鸡精、辣椒油调匀，放入豆角、红肠拌匀，盛盘即可。
【味型】 色泽美观，蒜香味浓，香辣适口。
【烹制要点】 蒜泥等调料要先调制均匀，不然成菜口味不一致。
【吃出营养】 豆角和红肠搭配成菜具有补虚、健胃、散寒等功效。

黄瓜

香菜葱拌黄瓜

【原料】 黄瓜2根，香菜1棵，大葱白15克。
【调料】 精盐6克，味精3克，米醋5克，香油8克。
【制作】
①将黄瓜洗净，去蒂，切成粗丝备用。
②香菜择洗净，切成段。大葱白洗净，切成粗丝待用。
③将黄瓜、香菜、大葱白放入盛器内，调入精盐、味精、米醋、香油拌匀，盛盘即可。
【味型】 口感清脆，微酸。
【烹制要点】 因黄瓜水分较大，所以不要切得太细，否则口感不脆。
【吃出营养】 黄瓜、香菜、大葱搭配成菜具有生津止渴、利水、杀菌等功效。

黄豆酱拌黄瓜

【原料】 黄瓜200克，小葱15克。

【调料】 黄豆酱12克，味精5克，香油8克。

【制作】

①将黄瓜洗净，切成小条备用。

②小葱去皮，洗净，切成葱花待用。

③把黄豆酱、味精、香油调匀，放入黄瓜、小葱拌匀，盛盘即可。

【味型】 酱香味浓，口感爽脆。

【烹制要点】 黄豆酱要先调制均匀，黄瓜条不要过大，不然入味不好。

【吃出营养】 黄瓜和小葱搭配成菜具有清热解暑、开胃等功效。

土豆

尖椒拌土豆丝

【原料】 土豆1个，尖椒20克。

【调料】 精盐6克，鸡粉2克，米醋5克，白糖1克，香油8克，辣椒油6克。

【制作】

①将土豆去皮，洗净，切成丝，用清水淘洗两遍。尖椒洗净，去蒂、子，切成丝备用。

②锅内倒入水烧开，放入土豆丝焯熟，捞起投凉控净水分待用。

③土豆丝、尖椒放入盆内，调入精盐、鸡粉、米醋、白糖、香油、辣椒油拌匀，盛盘即可。

【味型】 酸辣味浓，清爽适口。

【烹制要点】 土豆丝焯得不要过大，否则口感很差。

【吃出营养】 土豆和尖椒搭配成菜具有开胃进食、健脾等功效。

芹菜炝豆丝

【原料】 土豆250克，芹菜1棵。

【调料】 精盐8克，味精5克，米醋1克，香油6克，花椒油12克。

【制作】

①将土豆去皮，洗净，切成粗丝。芹菜择洗净，切成粗丝备用。

②锅内倒入水烧开，放入土豆、芹菜焯烫至熟，捞起投凉控净水分待用。

③土豆、芹菜放入大碗内，调入精盐、味精、米醋、香油、花椒油拌匀，盛盘即可。

【味型】 清淡爽口，花椒味浓。

【烹制要点】 芹菜焯烫不要过大，色泽变绿即可。

【吃出营养】 土豆和芹菜搭配成菜具有平肝、温中散寒、养胃等功效。

莴 笋

花椒油炝莴笋

【原料】 莴笋300克，生姜15克。

【调料】 精盐6克，鸡精3克，胡椒粉2克，花椒油10克。

【制作】

①将莴笋、生姜分别去皮，洗净，切成丝备用。

②锅内倒入水烧开，放入莴笋焯烫，捞起投凉控净水分待用。

③莴笋、生姜放入盛器内，调入精盐、鸡精、胡椒粉、花椒油拌匀，盛盘即可。

【味型】 口感清脆，花椒味浓。

【烹制要点】 莴笋要选色泽比较绿的拌食，焯水变色即可，不然口感和色泽都很差。

【吃出营养】 莴笋和生姜搭配成菜具有促进发育、暖胃、散寒等功效。

三色莴笋丝

【原料】 莴笋250克，胡萝卜50克，水发木耳3朵，水发腐竹10克。

【调料】 精盐8克，味精4克，米醋2克，白糖5克，辣椒油15克。

【制作】

①将莴笋、胡萝卜分别洗净，去皮，切成丝。水发木耳、水发腐竹分别洗净，切成丝备用。

②锅内倒入水烧开，分别将莴笋、水发木耳、胡萝卜、水发腐竹焯烫至熟，捞起投凉控净水分待用。

③将莴笋、胡萝卜、水发木耳、水发腐竹放入盛器内，调入精盐、味精、米醋、白糖、辣椒油拌匀，盛盘即可。

【味型】 色彩艳丽，香辣适口，别具风味。

【烹制要点】 莴笋等原料焯烫投凉后，一定要控净水分，不然拌好后水分过多，菜肴淡而无味。

【吃出营养】 莴笋等四者搭配成菜具有健脾、提高食欲、润肺、促进发育等功效。

菜 心

凉 拌 菜 心

【原料】 白菜心350克，山芹菜50克，虾米10克。

【调料】 精盐6克，鸡粉3克，米醋5克，香油10克。

【制作】

①将白菜心洗净，切成丝。山芹菜择洗净，切成末备用。

②虾米用温水泡透，洗净控水待用。

③山芹菜、虾米放入盛器内，调入精盐、鸡粉、米醋、香油先拌一下，放入白菜心拌匀，盛盘即可。

【味型】 鲜味突出，清淡爽口。

【烹制要点】 虾米要用小的，但不要泡得时间过长，防止鲜味流失。

【吃出营养】 白菜心、山芹菜、虾米搭配成菜具有降压、平喘、益肾等功效。

蒜泥菜心拌木耳

【原料】 白菜心200克，水发木耳30克，大蒜12克。
【调料】 蚝油8克，味精3克，老醋5克，白糖2克，香油10克。
【制作】
①将白菜心洗净，切成小块。水发木耳洗净，撕成小块。大蒜去皮，洗净备用。
②锅内倒入水，放入水发木耳焯烫，捞起过凉控净水分待用。
③大蒜捣成泥，调入蚝油、味精、老醋、白糖、香油调制均匀，放入白菜心、水发木耳拌匀，盛盘即可。
【味型】 蒜香味浓，清脆可口。
【烹制要点】 白菜心的块不要过大，蒜泥要充分调匀，再拌制成菜口味才会更好。
【吃出营养】 白菜心、水发木耳、大蒜相配成菜具有温中散寒、杀菌、开胃等功效。

油　菜

炝锅拌油菜

【原料】 油菜500克，大蒜10克，花椒粒5克。
【调料】 花生油20克，精盐8克，鸡粉4克，白糖2克。
【制作】
①将油菜择洗净，切成四瓣。大蒜去皮，洗净，切成片。花椒粒择净杂质备用。
②锅内倒入水烧开，放入油菜焯烫至熟，捞起投凉挤净水分待用。
③净锅上火，倒入花生油烧热，放入花椒粒炸香，捞起，再放入大蒜片炝香，倒入油菜内，调入精盐、鸡粉、白糖拌匀，盛盘即可。
【味型】 口感清脆，麻香味浓。
【烹制要点】 油菜焯至回软、色泽翠绿即可。
【吃出营养】 油菜、大蒜、花椒搭配成菜具有散寒、除湿、养胃、消毒等功效。

麻酱拌油菜

【原料】 嫩油菜400克。
【调料】 精盐6克，鸡精3克，麻酱10克，米醋4克，白糖2克，辣椒油12克。
【制作】
①将嫩油菜择洗净备用。
②锅内倒入水烧开，放入嫩油菜焯烫，捞起投凉控净水备用。
③把麻酱、精盐、鸡精、米醋、白糖、辣椒油调匀，放入嫩油菜拌匀，盛盘即可。
【味型】 香辣适口，别具风味。
【烹制要点】 麻酱要充分调制均匀，油菜的水分控干净，成菜味道才会好。
【吃出营养】 嫩油菜拌制成菜具有促进食欲、暖胃、驱寒等功效。

大葱

大葱拌火腿

【原料】 大葱150克，火腿75克，香菜1棵。

【调料】 精盐3克，味精2克，胡椒粉5克，米醋3克，香油8克。

【制作】

①将大葱去皮，洗净，切成丝备用。

②火腿切成丝。香菜择洗净，切成段待用。

③将大葱、火腿、香菜放入盛器内，调入精盐、味精、胡椒粉、米醋、香油拌匀，盛入即可。

【味型】 色泽美观，葱香味浓。

【烹制要点】 大葱丝不要切得太细，否则成菜不美观。

【吃出营养】 大葱、火腿、香菜相配成菜具有杀菌、补虚、开胃等效果。

葱拌尖椒

【原料】 大葱白100克，青尖椒、红尖椒各1个。

【调料】 精盐4克，鸡粉2克，香醋5克，辣椒油8克。

【制作】

①将大葱白洗净，切成片备用。

②青尖椒、红尖椒洗净，去蒂、子，片开，斜刀切成条待用。

③将大葱白、青红辣椒放入大碗，调入精盐、鸡粉、香醋、辣椒油拌匀，盛盘即可。

【味型】 色彩艳丽，酸辣味浓。

【烹制要点】 大葱白切得片不要过薄，更要及时食用，否则口味很差。

【吃出营养】 大葱和尖椒搭配成菜具有开胃、御寒、发汗、解毒等功效。

西兰花

辣椒酱拌兰花

【原料】 西兰花350克，红辣椒1个。

【调料】 精盐5克，鸡精3克，白糖2克，辣椒酱10克，辣椒油6克。

【制作】

①将西兰花洗净，掰成小块。红辣椒洗净，去蒂、子，切成粒备用。

②锅内倒入水烧开，放入西兰花焯烫至熟，捞起过凉控净水分待用。

③将辣椒酱、精盐、鸡精、白糖、辣椒油调制均匀，放入西兰花、红辣椒拌匀，盛盘即可。

【味型】 色泽美观，香辣适口。

【烹制要点】 西兰花焯水不宜过火，色泽翠绿即可，防止成菜色泽不好。

【吃出营养】 西兰花和辣椒搭配成菜具有暖胃、开胃、促进消化等功效。

老姜炝拌兰花

【原料】 西兰花400克，老姜20克，大蒜10克。

【调料】 花生油15克，精盐7克，味精3克，米醋少许，花椒粒5克。

【制作】

①将西兰花洗净，掰成小块。老姜去皮，洗净，切成末。大蒜去皮，洗净，切成粒备用。

②锅内倒入水，放入西兰花焯烫，捞起过凉控净水分待用。

③净锅上火，倒入花生油烧热，放入老姜、大蒜粒、花椒粒炝香，倒在西兰花内拌匀，盛盘即可。

【味型】 麻香味浓，蒜香突出。

【烹制要点】 花生油温不要过高，花椒粒炸至颜色发黄，有酥脆的感觉即可。

【吃出营养】 西兰花、老姜、大蒜相配成菜具有温中散寒、促进成长、杀菌消毒等功效。

菜 花

菜花拌木耳

【原料】 菜花500克，水发木耳20克。

【调料】 精盐8克，鸡粉5克，胡椒粉7克，老醋4克，香油12克。

【制作】

①将菜花洗净，掰成小朵。水发木耳洗净杂质，撕成小块备用。

②锅内倒入水，放入菜花、水发木耳焯烫至熟，捞起投凉控净水分待用。

③将菜花、水发木耳放入盛器，调入精盐、鸡粉、胡椒粉、老醋、香油拌匀，盛盘即可。

【味型】 酸辣味浓，口感清脆。

【烹制要点】 菜花焯的不要过火，成熟即可，不然口感不好。

【吃出营养】 菜花和水发木耳搭配拌制成菜具有化痰、止咳、排毒、健胃等功效。

炸果仁拌菜花

【原料】 菜花350克，炸花生仁100克，大葱白15克。

【调料】 精盐6克，味精3克，白糖1克，花椒油10克。

【制作】

①将菜花洗净，掰成小朵。大葱白去皮，洗净，切成丁备用。

②锅内倒入水烧开，放入菜花焯烫至熟，捞起过凉控净水分待用。

③将炸花生仁、大葱白放入盛器内，调入精盐、味精、白糖、花椒油拌一下，倒入菜花拌匀，盛盘即可。

【味型】 香味浓郁，菜花清淡。

【烹制要点】 炸花生仁因入味较慢，所以要先拌制一下，成菜味道才会更好。

【吃出营养】 菜花、炸花生仁、大葱搭配成菜具有养胃、健脾、促进食欲等功效。

茄子

麻酱拌茄子

【原料】 长茄子2根，大蒜10瓣，香菜1棵。

【调料】 酱油8克，米醋6克，麻酱12克，白糖2克，鸡粉4克，香油6克。

【制作】

①将长茄子洗净，切成条。大蒜去皮，洗净。香菜择洗净，切成末备用。

②长茄子放入盘子里，放入锅内蒸熟，取出待用。

③大蒜捣成泥，调入米醋、麻酱、白糖、鸡粉、香油调制均匀，然后浇在茄子上，撒入香菜末即可。

【味型】 香味浓郁，蒜香突出。

【烹制要点】 麻酱要先调制均匀，不然成菜口味不统一。

【吃出营养】 茄子、大蒜和香菜搭配成菜具有促进消化、清热、活血等功效。

花生碎拌茄子

【原料】 茄子300克，油炸花生米15克，洋葱20克。

【调料】 精盐7克，味精2克，老醋6克，辣椒油12克。

【制作】

①将茄子洗净，切成四瓣相连。油炸花生米用刀拍碎。洋葱去皮，洗净，切成末备用。

②茄子放入锅内隔水蒸熟，取出待用。

③将老醋、精盐、味精调匀，再加入洋葱、油炸花生米、辣椒油调制均匀，浇在茄子上即可。

【味型】 造型美观，酸辣香鲜。

【烹制要点】 精盐和味精要先用老醋调匀，再加入辣椒油，否则精盐不宜融化。

【吃出营养】 茄子、油炸花生米、洋葱搭配成菜具有暖胃、御寒、活血等功效。

西红柿

西红柿拌豆腐

【原料】 西红柿200克，嫩豆腐175克。

【调料】 精盐3克，白糖5克，白柠檬汁12克。

【制作】

①将西红柿洗净，去蒂，切成丁。嫩豆腐洗净，切成丁备用。

②锅内倒入水烧开，放入嫩豆腐焯烫，捞起凉透待用。

③将白柠檬汁、白糖、精盐调匀，倒入西红柿、嫩豆腐拌匀，盛盘即可。

【味型】 两色相称，酸甜味浓。

【烹制要点】 嫩豆腐焯烫后，一定要等凉透再拌制，否则西红柿味道不好。

【吃出营养】 西红柿和豆腐搭配成菜具有生津止渴、健脾、开胃等功效。

炝锅西红柿

【原料】 西红柿350克，嫩菜心100克，红肠20克。

【调料】 色拉油12克，精盐7克，鸡粉2克，白醋1克，香油6克。

【制作】

①将西红柿洗净，切成片（或块），码在盘子里。嫩菜心洗净。红肠切成丝备用。

②锅内倒入水，放入嫩菜心焯烫，捞起控水待用。

③净锅上火，倒入色拉油烧热，放入红肠丝、嫩菜心炝香，调入精盐、鸡粉、白醋、香油翻炒均匀，盖在西红柿上即可（再拌匀）。

【味型】 色泽美观，酸味适口。

【烹制要点】 嫩油菜和红肠炝香后就要关火，否则影响菜肴色泽。

【吃出营养】 西红柿、嫩菜心及红肠搭配成菜具有消炎、提高食欲、补虚等功效。

凤　爪

小山椒泡凤爪

【原料】 鸡爪子350克，小山椒50克。

【调料】 精盐7克，味精4克，白糖2克，山椒水650克。

【制作】

①将鸡爪子、小山椒分别洗净备用。

②锅内倒入水，放入鸡爪子煮熟，捞起洗净，投凉控水待用。

③将鸡爪子放入盛器内，调入精盐、味精、白糖先拌一下，放入小山椒、山椒水浸泡15小时，盛盘即可。

【味型】 色泽红润，香辣味浓。

【烹制要点】 鸡爪子要先煮熟，成菜味道才会更好。

【吃出营养】 鸡爪子、小山椒搭配成菜具有补虚损、开胃、提高食欲等功效。

鸡胸肉

凉皮拌鸡丝

【原料】 鸡胸肉200克，凉皮100克，黄瓜75克，红肠20克。

【调料】 精盐5克，鲜味酱油3克，鸡精2克，胡椒粉5克，米醋3克，香油10克。

【制作】

①将鸡胸肉洗净，切成丝。凉皮、黄瓜分别洗净，切成丝。红肠切成丝待用。

②锅内倒入水烧开，放入鸡胸肉氽烫，捞起洗净控水待用。

③将鸡胸肉丝放入盛器内，调入精盐、鲜味酱油、鸡精、胡椒粉、米醋、香油拌一下，再加入凉皮丝、黄瓜丝、红肠丝拌匀，盛盘即可。

【味型】 色彩美观，咸鲜味浓。

【烹制要点】 凉皮容易破碎，所以拌制时要特别注意。

【吃出营养】 鸡胸肉、凉皮等搭配成菜具有益五脏、补体虚等功效。

五色鸡丝

【原料】 鸡胸肉350克，水发木耳75克，青辣椒1个，胡萝卜20克，红辣椒15克。

【调料】 精盐8克，鸡粉3克，胡椒粉5克，花生酱4克，白糖2克，香油10克。

【制作】

①将鸡胸肉洗净，切成丝。水发木耳洗净，切成丝，青辣椒、红辣椒洗净，去蒂、子，切成丝。胡萝卜洗净，去皮，切成丝备用。

②锅内倒入水，放入鸡胸肉煮熟，捞起投凉控净水分待用。

③将花生酱、精盐、鸡粉、胡椒粉、白糖、香油调匀，放入鸡胸肉、水发木耳、青辣椒、红辣椒、胡萝卜拌匀，盛盘即可。

【味型】 色彩艳丽，咸鲜味浓。

【烹制要点】 鸡胸肉煮得不要过火，成熟即可，防止成菜口感变老。

【吃出营养】 鸡胸肉、水发木耳等多者搭配成菜具有补虚损、益五脏、补血、排毒等功效。

羊肉

家常拌羊肉

【原料】 羊肉500克，大葱白75克，香菜1棵。

【调料】 精盐5克，酱油3克，味精2克，米醋6克，胡椒粉5克，香油8克。

【制作】

①将羊肉洗净。大葱去皮，洗净，切成丝。香菜择洗净，切成段备用。

②锅内倒入水，放入羊肉煮熟，捞起凉透，切成片待用。

③将羊肉放入盛器内，调入精盐、酱油、味精、米醋、胡椒粉拌一下，加入大葱白、香菜，调入香油拌匀，盛盘即可。

【味型】 味道香美，葱香浓郁。

【烹制要点】 羊肉煮得时间不要过长，否则肉质会变得很老。

【吃出营养】 羊肉和大葱、香菜搭配成菜具有御风寒、补体虚、杀菌、利水等功效。

辣酱拌羊肉片

【原料】 熟羊肉300克，青辣椒、红辣椒各1个，山芹菜20克。

【调料】 精盐7克，鸡粉4克，辣椒酱12克，辣椒油10克。

【制作】

①将熟羊肉切成片。青辣椒、红辣椒洗净，去蒂、子，切成条。山芹菜择洗净，切成段备用。

②锅内倒入水烧开，放入山芹菜稍微焯烫一下，捞起投凉控净水分待用。

③将羊肉、青辣椒、红辣椒、山芹菜放在盛器内，调入精盐、鸡粉、辣椒酱、辣椒油拌匀，盛盘即可。

【味型】 色泽美观，香辣适口，羊肉香醇。

【烹制要点】 山芹菜稍焯一下即可，成菜后味道才会更加浓郁。

【吃出营养】 羊肉、辣椒、山芹菜搭配成菜具有提高食欲、强健身体、暖胃等功效。

羊肉拌菜心

【原料】 熟羊肉250克，油菜心100克。

【调料】 精盐6克，味精3克，十三香5克，米醋2克，花椒油6克。

【制作】

①将熟羊肉切成片。油菜心洗净，切开备用。

②锅内倒入水烧开，放入油菜心焯烫，捞起投凉控净水分待用。

③将羊肉、油菜心放在盆内，调入精盐、味精、十三香、米醋、花椒油拌匀，盛盘即可。

【味型】 麻香味浓，羊肉醇厚，油菜清口。

【烹制要点】 熟羊肉的片尽量要薄些，成菜味道才会更佳。

【吃出营养】 羊肉和油菜搭配成菜具有补体虚、提高免疫力、温中散寒等功效。

酱牛肉 葱白片拌牛肉

【原料】 酱牛肉350克，大葱100克。

【调料】 鲜味酱油8克，味精2克，胡椒粉5克，老醋3克，香油10克。

【制作】

①将酱牛肉切成薄片备用。

②大葱去皮，洗净，切成片待用。

③酱牛肉、大葱放在盆内，调入鲜味酱油、味精、胡椒粉、老醋、香油拌匀，盛盘即可。

【味型】 葱香味浓，牛肉香醇。

【烹制要点】 酱牛肉的片切得越薄，成菜味道才会越好，要顺着纹路斜刀切，防止拌时破碎。

【吃出营养】 牛肉和大葱搭配成菜具有杀菌、健体、提高免疫力等功效。

香菜辣椒拌牛肉

【原料】 熟牛肉200克，香菜75克，辣椒1个。

【调料】 精盐4克，味精2克，白糖3克，生抽2克，辣椒油15克。

【制作】

①将熟牛肉切成丝备用。

②香菜择洗净，切成段。辣椒洗净，去蒂、子，切成丝待用。

③将熟牛肉、香菜、辣椒放在盛器内，调入精盐、味精、白糖、生抽、辣椒油拌匀，盛盘即可。

【味型】 色泽美观，香辣适口。

【烹制要点】 牛肉丝不要切得过细，否则成菜口感不好。

【吃出营养】 牛肉、香菜、辣椒相配成菜具有促进食欲、补体虚、御寒等功效。

五香牛肉

【原料】 熟牛肉250克，洋葱50克。

【调料】 酱油6克，鸡粉3克，五香粉8克，香油6克。

【制作】

①将熟牛肉切成小块，盛盘备用。

②洋葱去皮，洗净，切成末待用。

③将酱油、鸡粉、五香粉、香油调匀，放入洋葱末搅匀，再浇在熟牛肉上即可。

【味型】 五香粉味浓，牛肉香美。

【烹制要点】 牛肉要用白水煮，不然成菜味道没有那么香醇。

【吃出营养】 牛肉和洋葱搭配成菜具有养血、补虚损、健脾胃、强体等功效。

牛肚

凉拌牛肚

【原料】 熟牛肚200克，洋葱125克，芹菜50克。

【调料】 精盐6克，鸡粉4克，胡椒粉3克，香油8克。

【制作】

①将熟牛肚切成丝。洋葱去皮，洗净，切成丝。芹菜择洗净，切成丝备用。

②芹菜放在开水内稍微烫一下，过凉控水待用。

③将熟牛肚、洋葱、芹菜放在盛器内，调入精盐、鸡粉、胡椒粉、香油拌匀，盛盘即可。

【味型】 香味突出，葱香味浓。

【烹制要点】 牛肚丝要切细点，拌好后才能更好地入味。

【吃出营养】 牛肚、大葱、芹菜搭配成菜具有降压、养胃、补虚、活血等功效。

香菜辣拌牛肚

【原料】 熟牛肚300克，香菜100克，大葱20克。

【调料】 精盐6克，味精3克，白糖1克，辣椒油15克。

【制作】

①将熟牛肚切成粗丝备用。

②香菜择洗净，切成段。大葱去皮，洗净，切成丝待用。

③将熟牛肚、香菜、大葱放在盆内，调入精盐、味精、白糖、辣椒油拌匀，盛盘即可。

【味型】 香辣适口，牛肚鲜香。

【烹制要点】 大葱丝不要切得太细，不然成菜效果很差。

【吃出营养】 牛肚、香菜和大葱搭配成菜具有利水、开胃、消毒、驱寒等功效。

牛肚醋拌菜心

【原料】 熟牛肚250克，白菜心100克。

【调料】 精盐3克，酱油5克，鸡精2克，米醋6克，蒜泥8克，香油10克。

【制作】

①将熟牛肚切成丝备用。

②白菜心洗净，切成丝待用。

③将蒜泥、精盐、酱油、鸡精、米醋、香油调制均匀，放入熟牛肚、白菜心拌匀，盛盘即可。

【味型】 蒜香味浓，味道香醇，别具一格。

【烹制要点】 蒜泥要先调匀，再拌制味道才会均匀适口。

【吃出营养】 牛肚和白菜心搭配成菜具有健脾、消毒、补虚等效果。

海蜇皮

菜心红肠蜇皮

【原料】 海蜇皮200克，白菜心125克，红肠20克。

【调料】 精盐5克，鸡粉3克，米醋6克，蒜泥8克，香油10克。

【制作】

①将海蜇皮浸泡，洗净，切成条。白菜心洗净，切成丝。红肠切成丝备用。

②锅内倒入水烧开，放入海蜇皮氽烫至外皮紧凑，捞起投凉挤净水分待用。

③将蒜泥、精盐、鸡粉、米醋、蒜泥、香油调匀，放入菜心、海蜇皮、红肠拌匀，盛盘即可。

【味型】 味道清爽，蒜香味浓。

【烹制要点】 海蜇皮要先把盐分泡净，不然成菜很咸无法食用。

【吃出营养】 海蜇皮、白菜心、红肠搭配拌制成菜肴具有解毒、健脾、开胃等功效。

蜇皮拌双脆

【原料】 海蜇皮300克，芹菜1棵，水发木耳25克。

【调料】 精盐5克，味精3克，酱油4克，白糖2克，辣椒油12克。

【制作】

①将海蜇皮浸泡，洗净，切成条。芹菜择洗净，切成段。水发木耳洗净杂质，切成条备用。

②锅内倒入水烧开，放入芹菜、水发木耳先烫一下，再放入海蜇皮氽烫，捞起投凉，控净水分待用。

③将海蜇皮、芹菜、水发木耳放在盆内，调入精盐、味精、酱油、白糖、辣椒油拌匀，盛盘即可。

【味型】 口感清脆，咸鲜突出。

【烹制要点】 海蜇皮烫得不要过火，待其表面皱起即可，防止萎缩严重。

【吃出营养】 海蜇皮、芹菜、木耳搭配成菜具有止咳、化痰、润肺等功效。

老醋捞拌蜇皮

【原料】 海蜇皮350克，黄瓜2根，香菜1棵。
【调料】 精盐3克，鲜味酱油5克，白糖2克，老醋10克，胡椒粉5克，料酒15克，香油6克。
【制作】
①将海蜇皮浸泡，洗净，切成丝，用开水稍微烫一下，投凉控净水分。黄瓜洗净，切成丝。香菜择洗净，切成段备用。
②把黄瓜丝放在碗内，上面放入海蜇皮，再把香菜撒在上面待用。
③将精盐、鲜味酱油、白糖、老醋、胡椒粉、料酒、香油调制均匀，然后浇在海蜇皮上，食用时捞起拌匀即可。
【味型】 鲜味突出，酸味突出。
【烹制要点】 黄瓜要用较嫩的，切丝时尽量一致，成菜入味才会更好。
【吃出营养】 海蜇皮、黄瓜、香菜搭配成菜具有活血、利便、杀菌、清热解毒等功效。

干比管鱼

葱拌干比管

【原料】 干比管鱼150克，大葱1棵，香菜20克。
【调料】 精盐6克，味精2克，白糖4克，胡椒粉8克，米醋2克，香油5克。
【制作】
①将干比管鱼用水泡透，洗净泥沙备用。
②大葱去皮洗净，切成片。香菜择洗净，切成段待用。
③将干比管鱼、大葱、香菜放在盛器内，调入精盐、味精、白糖、胡椒粉、米醋、香油拌匀，盛盘即可。
【味型】 鲜香味美，葱香浓郁。
【烹制要点】 干比管鱼里面泥沙较多，所以要彻底清洗干净，否则牙碜。
【吃出营养】 干比管鱼、大葱和香菜相配成菜具有健脾、开胃等功效。

蒜泥蘸比管

【原料】 干比管鱼200克，大蒜15克。
【调料】 鲜味酱油10克，米醋6克，白糖2克，鸡粉4克，香油7克。
【制作】
①将干比管鱼用温水泡透，洗净。大蒜去皮，洗净备用。
②蒸锅上火，放入干比管鱼蒸6分钟，取出凉透待用。
③大蒜捣成泥，调入鲜味酱油、米醋、白糖、鸡粉、香油调匀，干比管鱼蘸食即可。
【味型】 酸辣味浓，鲜味十足。
【烹制要点】 干比管鱼蒸的时间不要过长，否则鲜味会变得很淡。
【吃出营养】 干比管鱼和大蒜相配成菜具有解毒、养胃、利水等功效。

干比管拌芹菜

【原料】 水发比管鱼250克，芹菜100克。

【调料】 精盐6克，味精4克，白糖2克，花椒油8克。

【制作】

①将水发比管鱼洗净，切成圈。芹菜择洗净，切成段备用。

②锅内倒入水烧开，放入芹菜焯烫，捞起投凉控净水分待用。

③将水发比管鱼、芹菜放下盆内，调入精盐、味精、白糖、花椒油拌匀，盛盘即可。

【味型】 麻香突出，鲜味浓郁。

【烹制要点】 芹菜不能烫得过火，否则口感不清脆。

【吃出营养】 干比管鱼和芹菜搭配成菜具有平衡血压、健脾益胃、散寒等功效。

干蛤蜊肉

黄瓜拌蛤蜊肉

【原料】 干蛤蜊肉175克，黄瓜150克。

【调料】 精盐3克，味精5克，蚝油4克，蒜泥8克，米醋6克，香油5克。

【制作】

①将干蛤蜊肉泡透，洗净泥沙。黄瓜洗净，去蒂，切成片备用。

②锅内倒入水烧开，放入蛤蜊肉再稍微烫一下，捞起过凉控净水分待用。

③将蒜泥、精盐、味精、蚝油、香醋、香油调匀，放入干蛤蜊肉稍微拌一下，再加入黄瓜拌匀，盛盘即可。

【味型】 蒜香突出，口味鲜美。

【烹制要点】 干蛤蜊肉不要烫的过火，稍微烫一下即可，成菜味道更鲜。

【吃出营养】 干蛤蜊肉和黄瓜搭配成菜具有滋阴、发汗、杀菌等功效。

辣子拌蛤蜊

【原料】 水发蛤蜊肉200克，青辣子、红辣子各50克，大葱20克。

【调料】 精盐6克，鸡粉3克，胡椒粉5克，白糖2克，香油10克。

【制作】

①将水发蛤蜊肉洗净泥沙，挤净水分备用。

②青辣子、红辣子洗净，去蒂、子，切成丝。大葱去皮，洗净，切成丝待用。

③将干蛤蜊肉、青辣子、红辣子、大葱放在盛器内，调入精盐、鸡粉、白糖、香油拌匀，盛盘即可。

【味型】 香辣适口，鲜味突出。

【烹制要点】 泡好的干蛤蜊肉一定要把里面的水分挤净，不然成菜水分较大，淡而无味。

【吃出营养】 干蛤蜊、青辣子、红辣子、大葱搭配成菜具有开胃、养阴、化痰等功效。

蛤蜊拌菜心

【原料】 水发蛤蜊肉150克，油菜心135克，水发木耳2朵。

【调料】 精盐6克，鸡精3克，香醋5克，辣椒油12克。

【制作】

①将水发蛤蜊肉洗净泥沙，挤净水分。油菜心洗净，切开。水发木耳洗净杂质，撕成小朵备用。

②锅内倒入水烧开，放入油菜心、水发木耳焯烫，捞起过凉控净水分待用。

③将蛤蜊肉、油菜心、水发木耳放入盛器，调入精盐、鸡精、香醋、辣椒油拌匀，盛盘即可。

【味型】 色泽美观，香辣适口。

【烹制要点】 油菜心焯烫至翠绿即可，如果火候过大，不但色泽不好口感也很差。

【吃出营养】 干蛤蜊肉、油菜心、水发木耳搭配拌制成菜肴具有润肺、止咳、健脾开胃等功效。

虾皮 葱拌虾皮

【原料】 淡味虾皮100克，大葱75克，香菜1棵。

【调料】 精盐4克，鸡粉2克，米醋3克，白糖1克，香油6克。

【制作】

①将淡味虾皮择净杂质备用。

②大葱去皮，洗净，切成丝。香菜择洗净，切成段待用。

③将淡味虾皮、大葱、香菜放入盛器内，调入精盐、鸡粉、米醋、白糖、香油拌匀，盛盘即可。

【味型】 鲜味突出，葱香浓郁。

【烹制要点】 大葱丝不要切得太细，不然大葱拌过盐后，葱香味变淡。

【吃出营养】 虾皮、大葱和香菜相配成菜具有强化钙质、杀菌、利水等功效。

尖椒拌虾皮

【原料】 虾皮150克，尖椒1个，胡萝卜20克。
【调料】 色拉油5克，味精4克，白糖2克，料酒5克，辣椒油12克。
【制作】
①将虾皮捡净杂质。尖椒洗净，去蒂、子，切成丁。胡萝卜去皮，洗净，切成丁备用。
②净锅上火，倒入色拉油烧热，放入胡萝卜煸炒至熟，盛出凉透待用。
③将虾皮、尖椒、胡萝卜放在盛器内，调入味精、白糖、料酒、辣椒油拌匀，盛盘即可。
【味型】 色泽美观，香辣味浓。
【烹制要点】 胡萝卜要先炒一下，要凉透再拌，成菜才会更美味。
【吃出营养】 虾皮、尖椒、胡萝卜搭配成菜具有开胃、促进发育、健骨等功效。

蛋皮木耳拌虾皮

【原料】 虾皮150克，鸡蛋1个，水发木耳4朵。
【调料】 色拉油6克，精盐2克，味精4克，白糖2克，老醋5克，香油10克。
【制作】
①将虾皮挑去杂质。鸡蛋打入碗内搅匀。水发木耳洗净杂质，切成丝，用开水烫一下，投凉控水备用。
②净锅上火，倒入色拉油烧热，倒入鸡蛋液，摊成鸡蛋皮，放在案板上，切成丝凉透待用。
③将虾皮、鸡蛋皮、水发木耳，放在盛器内，调入精盐、味精、白糖、老醋、香油拌匀，成盘即可。
【味型】 鲜味突出，别具风味。
【烹制要点】 鸡蛋皮要用小火至熟，防止煳锅，影响成菜效果。
【吃出营养】 虾皮、鸡蛋、水发木耳搭配成菜具有滋阴、益精、润肺、活血等功效。

干鱿鱼

香菜拌干鱿

【原料】 干鱿鱼1条，香菜100克，胡萝卜35克。
【调料】 精盐7克，鸡粉5克，白糖2克，米醋1克，香油10克。
【制作】
①将干鱿鱼用温水泡透，切成粗丝。香菜择洗净，切成段。胡萝卜洗净，去皮，切成丝备用。
②锅内倒入水烧开，放入干鱿鱼汆烫至微卷，捞起投凉控净水分待用。
③将干鱿鱼、香菜、胡萝卜放在盛器内，调入精盐、鸡粉、白糖、米醋、香油拌匀，盛盘即可。
【味型】 色泽美观，鲜香味美。
【烹制要点】 干鱿鱼要泡至没有硬心，否则成菜口感不好。
【吃出营养】 干鱿鱼、香菜、胡萝卜搭配成菜具有健脾养胃、补虚、利水、促进发育等功效。

腐皮干鱿拌葱丝

【原料】 干鱿鱼150克，豆腐皮100克，大葱75克。
【调料】 精盐6克，味精3克，胡椒粉8克，香油12克。
【制作】
①将干鱿鱼用水浸泡透，洗净，切成丝。豆腐皮洗净，切成丝。大葱去皮，洗净，切成丝备用。
②锅内倒入水烧开，放入干鱿鱼、豆腐皮焯烫，捞起投凉控净水分待用。
③将干鱿鱼、豆腐皮、大葱放在盛器内，调入精盐、味精、胡椒粉、香油拌匀，盛盘即可。
【味型】 咸鲜味浓，别具风味。
【烹制要点】 干鱿鱼汆烫不能过火，否则肉质萎缩严重，影响成菜美观。
【吃出营养】 干鱿鱼、豆皮、大葱搭配成菜具有养胃、活血、健脾、杀菌等功效。

干 鱿 小 拌

【原料】 水发干鱿鱼200克，芹菜1棵，青辣椒1个。
【调料】 精盐7克，鸡精4克，白糖2克，老醋3克，花椒油10克。
【制作】
①将水发干鱿鱼洗净，切成条。芹菜择洗净，切成段。青辣椒洗净，去蒂、子，切成条备用。
②锅内倒入水烧开，放入芹菜、干鱿鱼汆烫至变色，捞起过凉控净水分待用。
③将水发干鱿鱼、芹菜、青辣椒放在盛器内，调入精盐、鸡精、白糖、老醋、辣椒油拌匀，盛盘即可。
【味型】 鲜味突出，清脆爽口。
【烹制要点】 芹菜烫至翠绿即可，不然口感不脆。
【吃出营养】 水发干鱿鱼、芹菜、青辣椒搭配成菜具有开胃、降压、补虚、促进消化等功效。

四、汤品篇

西红柿

西红柿鸽蛋汤

【原料】 西红柿2个，鸽蛋15个，香菜1棵。

【调料】 花生油10克，精盐6克，鸡粉4克，葱花3克，香油5克。

【制作】

①将西红柿洗净，去蒂，切成小块。鸽蛋洗净。香菜择洗净，切成末。

②锅内倒入水，放入鸽蛋煮熟，捞起去皮，洗净待用。

③净锅上火，倒入花生油烧热，放入葱花爆香，倒入西红柿煸炒，倒入水，调入精盐、鸡粉烧开，放入鸽蛋至熟，调入香油，撒入香菜末搅匀，盛碗即可。

【味型】 色泽红润，酸味突出。

【烹制要点】 西红柿要先煸炒至脱皮，成菜汤味才会更加醇厚美味。

【吃出营养】 西红柿、鸽蛋、香菜三者做汤具有生津止渴、通便、开胃等功效。

木耳柿子肉汤

【原料】 西红柿200克，水发木耳5朵，猪肉75克。

【调料】 色拉油12克，精盐7克，味精3克，白糖2克，葱花8克。

【制作】

①将西红柿洗净，去蒂，切成片备用。

②水发木耳洗净杂质，切成丝。猪肉洗净，切成丝待用。

③净锅上火，倒入色拉油烧热，放入葱花爆香，倒入猪肉煸炒至变色，下入西红柿、水发木耳煸炒一会儿，倒入水，调入精盐、味精、白糖烧开至熟，盛碗即可。

【味型】 汤色美观，香味突出。

【烹制要点】 猪肉要先用小火煸至变色，否则汤色不好，而且还有腥味。

【吃出营养】 西红柿、水发木耳、猪肉搭配做汤具有瘦身、消暑、排毒、化痰等功效。

韭 菜

韭菜乌鸡蛋汤

【原料】 韭菜125克，乌鸡蛋2个，生姜10克。
【调料】 植物油10克，精盐6克，鸡粉2克，香油8克。
【制作】
①将韭菜择洗净，切成段备用。
②乌鸡蛋打入碗内搅匀。生姜去皮，洗净，切成丝待用。
③净锅上火，倒入植物油烧热，放入生姜炝香，倒入韭菜稍炒，倒入水，调入精盐、鸡粉烧开，浇入乌鸡蛋至熟，调入香油，盛碗即可。
【味型】 鲜味突出，韭香浓郁。
【烹制要点】 韭菜不要炒得过大，不然成汤后韭香味很淡。
【吃出营养】 韭菜、乌鸡蛋、生姜搭配成汤具有壮阳、养阴、健体、驱寒等功效。

韭菜肉丝汤

【原料】 韭菜200克，猪肉125克，水发粉丝30克。
【调料】 花生油15克，精盐6克，酱油2克，味精4克，姜片2克。
【制作】
①将韭菜择洗净，切成段。猪肉洗净，切成丝备用。
②水发粉丝洗净，切成段待用。
③净锅上火，倒入花生油烧热，放入姜片炝香，下入猪肉煸炒至变色，调入酱油，倒入韭菜翻炒几下，倒入水，放入水发粉丝，调入精盐、味精烧开至熟，盛碗即可。
【味型】 韭香味浓，咸鲜适口。
【烹制要点】 猪肉丝煸炒后，要用酱油上一下色，成汤味道才会更好。
【吃出营养】 韭菜、猪肉、水发粉丝搭配成汤具有健胃、补虚、益精等功效。

鸡 蛋

煎蛋青菜汤

【原料】 鸡蛋2个，青菜100克。
【调料】 色拉油10克，精盐6克，味精2克，葱、姜各4克，香油6克。
【制作】
①将青菜洗净，切成段备用。
②净锅上火，倒入色拉油烧热，打入鸡蛋煎熟，盛出待用。
③锅内留油烧热，葱、姜爆香，下入青菜稍炒，倒入水，调入精盐、味精，下入煎蛋开锅至熟，调入香油，盛碗即可。
【味型】 香味突出，别具特色。
【烹制要点】 煎鸡蛋时火候不能过大，防止煎煳。
【吃出营养】 鸡蛋和青菜搭配成汤具有滋阴、补虚、健体等功效。

鸡蛋葱花汤

【原料】 鸡蛋3个，大葱75克。

【调料】 花生油10克，精盐8克，姜丝4克，胡椒粉8克，米醋3克。

【制作】

①将鸡蛋打入碗内搅匀备用。

②大葱去皮，洗净，切成葱花待用。

③净锅上火，倒入花生油烧热，放入姜丝、葱花炝香，倒入鸡蛋炒成块，倒入水，调入精盐、胡椒粉、米醋至熟，盛碗即可。

【味型】 香辣适口，微酸，葱香味浓。

【烹制要点】 鸡蛋不要炒得过火，成块即可，不然口感会变得很老。

【吃出营养】 鸡蛋和大葱相配成汤具有清热解毒、补虚损、开胃、驱寒等功效。

豆腐

辣味豆腐汤

【原料】 豆腐200克，干辣子10克，香菜1棵。

【调料】 色拉油15克，精盐8克，味精2克，葱花10克。

【制作】

①将豆腐洗净，切成块备用。

②干辣子捡净杂质，切成段。香菜择洗净，切成段待用。

③净锅上火，倒入色拉油烧热，放入干辣子、葱花炝香，倒入豆腐煎炒2分钟，倒入水，调入精盐、味精至熟，撒入香菜，盛碗即可。

【味型】 香辣适口，豆腐清香。

【烹制要点】 豆腐要用小火慢慢煎炒，防止粘在锅底。

【吃出营养】 豆腐、辣椒、香菜搭配成菜具有暖胃、促进食欲、利水、健脾等功效。

豆腐菜心汤

【原料】 豆腐175克，菜心100克，鸡蛋1个。
【调料】 花生油12克，精盐6克，鸡粉3克，葱、姜各5克，香油8克。
【制作】
①将豆腐洗净，切成块。菜心洗净备用。
②鸡蛋打入碗内搅匀待用。
③净锅上火，倒入花生油烧热，放入葱、姜炝香，下入豆腐稍炒几下，倒入水，放入菜心，调入精盐、鸡粉，淋入鸡蛋液至熟，调入香油，盛碗即可。
【味型】 色泽美观，清淡适口，鲜香味浓。
【烹制要点】 豆腐块不要切得过大，否则不好入味。
【吃出营养】 豆腐、菜心、鸡蛋搭配成汤具有健脾养胃、补体虚、润肠等功效。

腐竹

腐竹瓜片蛋花汤

【原料】 腐竹4根，青瓜1根，鸡蛋1个，水发木耳2朵。
【调料】 花生油15克，精盐8克，味精3克，葱、姜各2克，香油6克。
【制作】
①将腐竹用温水泡透，洗净，斜刀切成段备用。
②青瓜洗净，去蒂，切成片。鸡蛋打入碗内搅匀，水发木耳洗净，切成条待用。
③净锅上火，倒入花生油烧热，葱、姜爆香，放入腐竹、青瓜、水发木耳翻炒几下，倒入水，调入精盐、味精烧开，浇入鸡蛋至熟，调入香油搅匀，盛碗即可。
【味型】 色泽美观，清淡适口，鲜味突出。
【烹制要点】 腐竹要用温水泡至完全没有硬心，否则成菜口味很差。
【吃出营养】 腐竹、青瓜、鸡蛋、水发木耳搭配成汤具有健脾、润肤、化痰、排毒等功效。

清汤腐竹

【原料】 水发腐竹200克，油菜心75克。
【调料】 高汤适量，精盐6克，鸡精4克，香油8克。
【制作】
①将水发腐竹洗净，切成粗丝备用。
②油菜洗净，切成四瓣待用。
③锅内倒入高汤，调入精盐、鸡精烧开，放入水发腐竹、油菜心至熟，调入香油搅匀，盛碗即可。
【味型】 清淡，味咸。
【烹制要点】 炒油菜心时火候不要过大，不然成菜色泽、口感都很差。
【吃出营养】 水发腐竹和油菜心搭配成汤具有润肠、健脾、养胃等功效。

冬　瓜　海米黑耳冬瓜汤

【原料】 冬瓜400克，水发黑木耳35克，海米20克，香菜1棵。
【调料】 花生油20克，精盐10克，鸡精4克，葱、姜、蒜各5克，香油8克。
【制作】
①将冬瓜去皮、子，洗净，切成粗丝。水发黑木耳洗净杂质，切成条备用。
②海米用温水稍微泡一下，捞起洗净。香菜择洗净，切成段待用。
③净锅上火，倒入花生油烧热，海米、葱、姜、蒜爆香，倒入冬瓜、水发黑木耳稍炒，倒入水，调入精盐、鸡精至熟，撒入香菜段，调入香油，盛碗即可。
【味型】 鲜味突出，味咸。
【烹制要点】 海米要先爆香，成菜味道才会更加鲜美。
【吃出营养】 冬瓜、黑木耳、海米、香菜搭配成汤具有减肥、解暑、益精、润肺等功效。

冬瓜肉丝汤

【原料】 冬瓜350克，猪肉150克。
【调料】 色拉油15克，精盐6克，酱油2克，味精4克，葱、姜各3克。
【制作】
①将冬瓜去皮、子，洗净，切成丝备用。
②猪肉洗净，切成丝待用。
③净锅上火，倒入色拉油烧热，葱、姜爆香，放入猪肉煸炒至快熟，调入酱油稍炒，倒入冬瓜翻炒几下，倒入水，调入精盐、味精至熟，盛碗即可。
【味型】 咸鲜味浓，冬瓜清淡。
【烹制要点】 猪肉丝要用小火慢炒至快熟，成菜后汤色才会香醇。
【吃出营养】 冬瓜和猪肉搭配成菜具有补虚、健体、解毒等功效。

紫　菜　韭香紫菜雪花汤

【原料】 紫菜100克，韭菜20克，鸡蛋清1个。
【调料】 花生油12克，精盐7克，鸡精5克，姜丝3克，香油6克。
【制作】
①将紫菜用温水稍微泡一下备用。
②韭菜择洗净，切成段。鸡蛋清放在碗内搅匀待用。
③净锅上火，倒入花生油烧热，姜丝炝香，放入韭菜稍炒，倒入水，调入精盐、鸡精，放入紫菜烧开，淋入鸡蛋清至熟，调入香油搅匀，盛碗即可。
【味型】 汤色美观，鲜味突出，韭香浓郁。
【烹制要点】 韭菜炒得不要过大，鸡蛋清成熟即可。
【吃出营养】 紫菜、韭菜、鸡蛋清搭配成菜具有清肺化痰、补虚等功效。

紫菜番茄肉丝汤

【原料】 紫菜75克，番茄1个，猪肉50克。

【调料】 色拉油12克，精盐5克，酱油2克，味精4克，葱、姜各3克。

【制作】

①将紫菜用温水稍微浸泡一会儿备用。

②番茄洗净，去蒂，切成丁。猪肉洗净，切成丝待用。

③净锅上火，倒入色拉油烧热，葱、姜爆香，放入猪肉丝煸炒至变色，调入酱油，倒入番茄煸炒至快熟，倒入水，放入紫菜，调入精盐、味精至熟，盛碗即可。

【味型】 鲜香味美，微酸。

【烹制要点】 番茄要煸炒一会儿，做好的汤味道才会更好。

【吃出营养】 紫菜、番茄、猪肉搭配成菜具有生津止渴、化痰、健体、清热等功效。

猪里脊肉

清汤里脊

【原料】 猪里脊肉300克，老姜20克，香菜1棵。

【调料】 色拉油20克，精盐6克，鸡粉3克，葱花5克，香油4克。

【制作】

①将猪里脊肉洗净，切成丝备用。

②老姜去皮，洗净，切成丝。香菜择洗净，切成段待用。

③净锅上火，倒入色拉油烧热，葱花、姜丝炝香，倒入猪里脊肉煸炒至熟，倒入水，调入精盐、鸡粉至熟，撒入香菜段，调入香油搅匀，盛碗即可。

【味型】 咸鲜味浓，口感香嫩。

【烹制要点】 猪里脊肉要小火慢炒，防止炒碎，影响成菜效果。

【吃出营养】 猪里脊肉和老姜、香菜搭配成菜具有强健身体、利水、驱寒等功效。

酸辣里脊汤

【原料】 猪里脊肉250克，干辣子20克，白菜心75克。

【调料】 色拉油12克，精盐6克，味精2克，白糖4克，米醋10克，葱、姜各3克。

【制作】

①将猪里脊肉洗净，切成片备用。

②干辣子择净杂质，切成节。白菜心洗净，切成条待用。

③净锅上火，倒入色拉油烧热，葱、姜、干辣子爆香，放入猪里脊肉煸炒至变色，下入白菜心煸炒几下，倒入水，调入精盐、味精、白糖、米醋至熟，盛碗即可。

【味型】 酸辣味浓，香咸。

【烹制要点】 猪里脊肉切的片要薄些，味道才会更好。

【吃出营养】 猪里脊肉、干辣子、白菜心搭配成菜具有开胃、补虚损、驱寒、健脾等功效。

肉块菜胆汤

【原料】 猪里脊肉350克，菜胆100克。

【调料】 花生油20克，精盐8克，酱油3克，鸡粉5克，葱、姜各4克，香油8克。

【制作】

①将猪里脊肉洗净，切成块备用。

②菜胆洗净，切成四瓣待用。

③净锅上火，倒入花生油烧热，葱、姜炝香，倒入猪里脊肉煸炒至变色，调入酱油再炒至上色，倒入水烧开，调入精盐、鸡粉，下入菜胆至熟，调入香油搅匀，盛碗即可。

【味型】 鲜味浓郁，味咸。

【烹制要点】 猪里脊肉要用小火慢炒，防止粘锅底，否则成菜汤味不好。

【吃出营养】 猪里脊肉和菜胆搭配成菜具有强健身体、提高免疫力等功效。

羊 肉

农家羊肉汤

【原料】 羊肉350克，白菜心100克，粉条50克，豆腐35克。

【调料】 高汤适量，精盐10克，鸡精5克，葱花3克，辣椒油12克。

【制作】

①将羊肉洗净。白菜心洗净，切成块。粉条用温水泡透，洗净，切成段。豆腐洗净，切成块备用。

②锅内倒入水，放入羊肉煮熟，捞起稍凉，切成块待用。

③原锅的汤烧开，调入精盐、鸡精，放入白菜心、粉条、豆腐、羊肉煮至成熟，撒入葱花，调入辣椒油搅匀，盛碗即可。

【味型】 香辣适口，羊肉香醇。

【烹制要点】 要用原汤不宜再加水，不然汤味不醇厚。

【吃出营养】 羊肉等多者搭配成菜具有御寒、健脾、开胃、促进食欲等功效。

羊肉丸子汤

【原料】 羊肉500克，大葱30克，香菜2棵。
【调料】 清汤适量，精盐10克，味精5克，胡椒粉8克，料酒6克，鸡蛋清适量，淀粉20克。
【制作】
①将羊肉洗净，剁成泥。大葱去皮，洗净，切成末。香菜洗净，切成小段备用。
②把羊肉放在盆内，调入大葱、精盐、味精、胡椒粉、料酒、鸡蛋清拌匀，再加入淀粉搅至上劲待用。
③锅内倒入清汤烧开，将羊肉挤成大小均匀的丸子至熟，撒入香菜，盛碗即可。
【味型】 香味浓郁，羊肉鲜美。
【烹制要点】 羊肉上面的白筋要剔除干净，一定要搅至上劲，不然做成丸子口感不好。
【吃出营养】 羊肉、大葱、香菜搭配成菜具有益气、养血、滋养健体等功效。

羊肉腐竹香菜汤

【原料】 羊肉350克，腐竹100克，香菜1棵。
【调料】 色拉油10克，精盐7克，味精3克，葱花5克，胡椒粉8克，米醋6克，香油10克。
【制作】
①将羊肉洗净，切成片。香菜择洗净，切成段备用。
②腐竹用温水泡透，洗净，切成段待用。
③净锅上火，倒入色拉油烧热，葱花炝香，放入羊肉煸炒至变色，下入腐竹稍炒，倒入水，调入精盐、味精至熟，撒入香菜段，调入胡椒粉、米醋搅匀，盛碗即可。
【味型】 香味突出，酸辣适口。
【烹制要点】 羊肉片要切得薄，做好后汤味才会香醇。
【吃出营养】 羊肉、腐竹、香菜搭配成汤具有补虚、御风寒、健脾、利水等功效。

鸡胸肉

枸杞鸡胸肉汤

【原料】 鸡胸肉300克，枸杞子15克，青菜心10克。
【调料】 花生油20克，精盐8克，味精2克，白糖4克，葱、姜各2克。
【制作】
①将鸡胸肉洗净，切成片备用。
②枸杞子用温水稍泡，洗净。青菜心洗净待用。
③净锅上火，倒入花生油烧热，葱、姜爆香，下入鸡胸肉煸炒至变色，倒入水，调入精盐、味精、白糖，下入枸杞子、青菜心至熟，盛碗即可。
【味型】 色泽美观，咸味突出。
【烹制要点】 鸡胸肉容易粘锅，所以要小火慢炒至变色。
【吃出营养】 鸡胸肉、枸杞子、青菜心搭配成菜具有益肾、补虚损、丰胸等功效。

鸡肉花生汤

【原料】 鸡胸肉200克，花生米100克。

【调料】 色拉油12克，精盐6克，葱、姜各3克，香油5克。

【制作】

①将鸡胸肉洗净，切成丁备用。

②花生米用温水泡透，洗净，控水待用。

③净锅上火，倒入色拉油烧热，葱、姜爆香，下入鸡胸肉煸炒至变色，倒入水，调入精盐，下入花生米至熟，调入香油，盛碗即可。

【味型】 咸鲜味浓，营养丰富。

【烹制要点】 花生米要充分泡透，否则口味不好。

【吃出营养】 鸡胸肉和花生米搭配成菜具有健脾、养胃、补虚损等功效。

木耳青菜鸡片汤

【原料】 鸡胸肉175克，水发木耳50克，青菜30克。

【调料】 植物油20克，精盐8克，味精4克，葱、姜各3克，辣椒油10克。

【制作】

①将鸡胸肉洗净，切成片备用。

②水发木耳洗净，撕成块。青菜择洗净，切成段待用。

③净锅上火，倒入植物油烧热，葱、姜炝香，下入鸡胸肉稍炒，倒入水，调入精盐、味精烧开，放入水发木耳、青菜至熟，调入辣椒油搅匀，盛碗即可。

【味型】 香辣适口，木耳清脆。

【烹制要点】 要用小火使木耳充分入味。

【吃出营养】 鸡胸肉、木耳、青菜搭配成菜具有益五脏、强筋骨、健脾胃等功效。

牛肉

牛肉汤

【原料】 牛肉300克，土豆1个，香菜1棵。
【调料】 色拉油15克，精盐8克，酱油4克，鸡精6克，葱、姜各3克，香油8克。
【制作】
①将牛肉洗净，切成块备用。
②土豆去皮，洗净，切成块。香菜择洗净，切成段待用。
③净锅上火，倒入色拉油烧热，葱、姜爆香，放入牛肉煸炒至变色，调入酱油续炒至上色，倒入土豆翻炒几下，调入精盐、鸡精，倒入水至熟，撒入香菜，调入香油搅匀，盛碗即可。
【味型】 香味突出，牛肉味美。
【烹制要点】 牛肉块不要过大，否则成汤口味不好。
【吃出营养】 牛肉和土豆、香菜搭配成菜具有健脾、养胃、强健身体等功效。

酸辣牛肉汤

【原料】 牛肉200克，酸菜100克，干辣子20克。
【调料】 高汤适量，精盐7克，鸡精3克，酱油2克，葱花6克，辣椒油10克。
【制作】
①将牛肉洗净，切成片备用。
②酸菜洗净，切成丝。干辣子洗净，切成段待用。
③净锅上火，倒入高汤，放入牛肉烧开，撇净浮沫，下入酸菜、干辣子，调入精盐、鸡精、酱油至熟，撒入葱花，调入辣椒油搅匀，盛碗即可。
【味型】 酸辣适口，别具风味。
【烹制要点】 一定要撇净汤内的浮沫，不然成汤色泽浑浊，还有腥味。
【吃出营养】 牛肉、酸菜、干辣子搭配成汤具有开胃、促进食欲、强健身体等功效。

牛肉红汤

【原料】 嫩牛肉300克，泡辣椒100克，青菜叶35克。
【调料】 花生油20克，精盐8克，鸡粉5克，白糖3克，葱花6克。
【制作】
①将嫩牛肉洗净，切成小块备用。
②泡辣椒洗净，去蒂，切碎。青菜叶洗净待用。
③净锅上火，倒入花生油烧热，葱花炝香，调入泡辣椒煸炒出红油，倒入牛肉煸炒至变色，倒入水，调入精盐、鸡粉、白糖，下入青菜再至熟，盛碗即可。
【味型】 色泽红润，牛肉香美。
【烹制要点】 泡辣椒要先煸炒出红油，成汤色泽才会更好。
【吃出营养】 牛肉、泡辣椒、青菜搭配成菜具有驱寒、暖胃、强健筋骨等功效。

海米

海米黄瓜蛋花汤

【原料】 海米100克，黄瓜1根，鸡蛋1个。
【调料】 色拉油12克，精盐7克，鸡粉3克，葱花6克，香油4克。
【制作】
①将海米用温水稍泡，洗净备用。
②黄瓜洗净，去蒂，切成片。鸡蛋打入碗内搅匀待用。
③净锅上火，倒入色拉油烧热，葱花、海米爆香，下入黄瓜翻炒，倒入水，调入精盐、鸡粉烧开，淋入鸡蛋至熟，调入香油，盛碗即可。
【味型】 鲜味突出，味咸。
【烹制要点】 海米泡的时间不能过长，否则鲜味会变得很淡。
【吃出营养】 海米、黄瓜、鸡蛋搭配成菜具有补虚、益肾、养胃等功效。

茭瓜海米饼子汤

【原料】 海米75克，茭瓜半根，薄面饼1张。
【调料】 花生油12克，精盐8克，味精2克，米醋5克，胡椒粉4克，葱、姜各6克，香油8克。
【制作】
①将海米用温水稍泡，洗净备用。
②茭瓜洗净，去蒂，切成粗丝。薄面饼，切成条待用。
③净锅上火，倒入花生油烧热，葱、姜、海米爆香，下入茭瓜煸炒，倒入水，调入精盐、味精，下入薄面饼至入味，调入米醋、胡椒粉、香油搅匀，盛碗即可。
【味型】 酸辣适口，别具风味。
【烹制要点】 薄面饼不要下入过早，有味道后要及时出锅，不然口感不好。
【吃出营养】 海米、茭瓜、面饼搭配成菜具有充饥、补肾、降压等功效。

海米冬瓜肉汤

【原料】 水发海米125克，冬瓜150克，猪肉100克。
【调料】 植物油20克，精盐8克，味精4克，酱油2克，香菜5克，葱、姜各4克，香油6克。
【制作】
①将水发海米洗净备用。
②冬瓜去皮、子，洗净，切成粗丝。猪肉洗净，切成丝待用。
③净锅上火，倒入植物油烧热，葱、姜、海米爆香，下入猪肉煸炒至变色，调入酱油，下入冬瓜翻炒几下，倒入水，调入精盐、味精至熟，撒入香菜，调入香油，盛碗即可。
【味型】 鲜味突出，猪肉香美。
【烹制要点】 猪肉要用小火慢炒，防止粘锅。
【吃出营养】 海米、冬瓜、猪肉搭配成汤具有解暑、补精、健体等功效。

蛤蜊肉

蛋奶蛤蜊汤

【原料】 蛤蜊肉200克，鸡蛋1个，香菜1棵。

【调料】 蛋奶适量，白糖5克，精盐2克。

【制作】

①将蛤蜊肉洗净，用开水稍微烫一下，控水备用。

②鸡蛋打入碗内搅匀。香菜择洗净，切成段待用。

③锅内倒入少许水，调入白糖、精盐烧开，放入蛤蜊肉至熟，倒入蛋奶，淋入鸡蛋至熟，撒入香菜，盛碗即可。

【味型】 香鲜味浓，微甜。

【烹制要点】 蛋奶容易煳锅，所以要最后加入，用小火防止汤有煳味。

【吃出营养】 蛤蜊肉、鸡蛋和香菜搭配成菜具有滋阴、补虚、健体等功效。

蛤蜊红肠油菜汤

【原料】 蛤蜊肉250克，红肠100克，油菜75克。

【调料】 花生油12克，精盐8克，鸡粉3克，葱、姜各5克，香油8克。

【制作】

①将蛤蜊肉洗净泥沙备用。

②红肠切成丝。油菜择洗净，片开待用。

③净锅上火，倒入花生油烧热，葱、姜爆香，下入油菜稍炒，倒入水，调入精盐、鸡粉，下入红肠、蛤蜊肉至熟，调入香油搅匀，盛碗即可。

【味型】 色泽美观，鲜味突出。

【烹制要点】 蛤蜊肉火候不要过大，否则肉质萎缩，影响口感。

【吃出营养】 三者相配具有利水、通便、补虚、养阴等功效。

蛤蜊韭菜汤

【原料】 蛤蜊肉200克，韭菜50克，鸡蛋1个。

【调料】 植物油12克，精盐7克，味精2克，姜丝5克，香油4克。

【制作】

①将蛤蜊肉洗净备用。

②韭菜择洗净，切成段。鸡蛋打入碗内搅匀待用。

③净锅上火，倒入植物油烧热，姜丝爆香，下入韭菜稍炒，倒入水，调入精盐、味精烧开，下入蛤蜊肉，淋入鸡蛋至熟，调入香油搅匀，盛碗即可。

【味型】 鲜味突出，韭香味浓。

【烹制要点】 韭菜不要炒得过火，否则韭香味会变淡。

【吃出营养】 蛤蜊肉、韭菜、鸡蛋搭配成汤具有壮阳、益精、滋阴等功效。

虾 仁

虾仁三鲜汤

【原料】 鲜虾仁200克，猪肉100克，鸡蛋1个，青菜20克。
【调料】 花生油10克，精盐8克，鸡粉4克，葱花6克，香油5克。
【制作】
①将鲜虾仁洗净，控水备用。
②猪肉洗净，切成丝。鸡蛋打入碗内搅匀。青菜洗净，切成丝待用。
③净锅上火，倒入花生油烧热，葱花爆香，下入猪肉煸炒至变色，倒入水，调入精盐、鸡粉烧开，放入鲜虾仁，淋入鸡蛋，撒入青菜至熟，调入香油，盛碗即可。
【味型】 汤色美观，鲜味浓郁。
【烹制要点】 鲜虾仁不要放入过早，防止萎缩，影响效果。
【吃出营养】 鲜虾仁、猪肉、鸡蛋、青菜搭配成菜具有益肾、补体虚、养阴等功效。

豆腐虾仁汤

【原料】 鲜虾仁175克，内酯豆腐100克，韭菜2棵。
【调料】 色拉油12克，精盐6克，味精2克，白糖1克，姜丝5克，辣椒油4克。
【制作】
①将鲜虾仁洗净，控水备用。
②内酯豆腐洗净，切成小丁。韭菜择洗净，切成末待用。
③净锅上火，倒入色拉油烧热，姜丝爆香，倒入水，调入精盐、味精、白糖烧开3分钟，下入鲜虾仁、韭菜至熟，调入辣椒油，盛碗即可。
【味型】 香辣适口，鲜味十足，豆腐爽滑。
【烹制要点】 内酯豆腐要先用汤烧一会儿，否则味道不好。
【吃出营养】 鲜虾仁、内酯豆腐、韭菜搭配成汤具有壮阳、固精、健脾、开胃等功效。

虾仁木耳羊肉丸子汤

【原料】 鲜虾仁200克，水发木耳75克，羊肉丸子10个。
【调料】 高汤适量，精盐7克，鸡精5克，胡椒粉8克，米醋4克，香油6克。
【制作】
①将鲜虾仁洗净。水发木耳洗净杂质，撕成小块备用。
②锅内倒入水，放入羊肉丸子汆熟，捞起稍凉待用。
③锅内倒入高汤烧开，放入水发木耳、羊肉丸子，调入精盐、鸡精、胡椒粉、米醋再开锅3分钟，下入鲜虾仁至熟，调入香油，盛碗即可。
【味型】 鲜香味浓，酸辣适口。
【烹制要点】 水发木耳入味较慢，所以要先用小火使其入味，成汤味道才会更好。
【吃出营养】 鲜虾仁、水发木耳、羊肉丸子搭配成菜具有补肾、强壮补精、滋阴、润燥、止咳、御寒、杀菌等功效。